DIY物

機·械·主·義

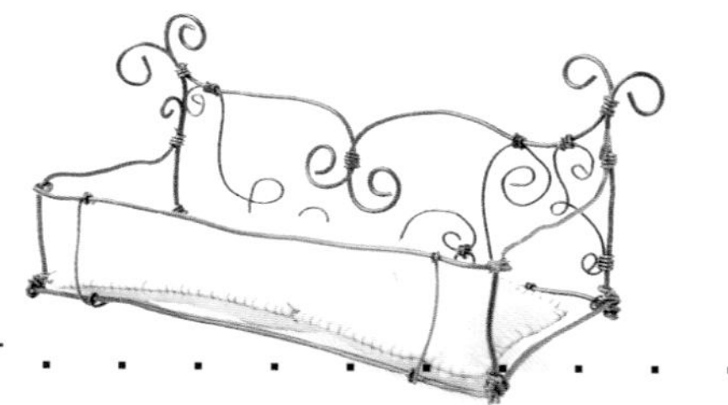

目錄 CONTENTS

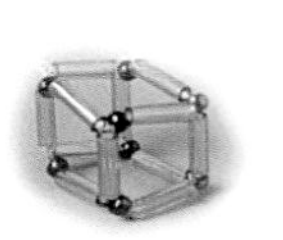

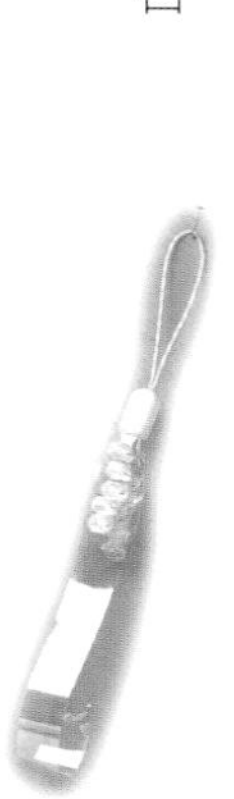

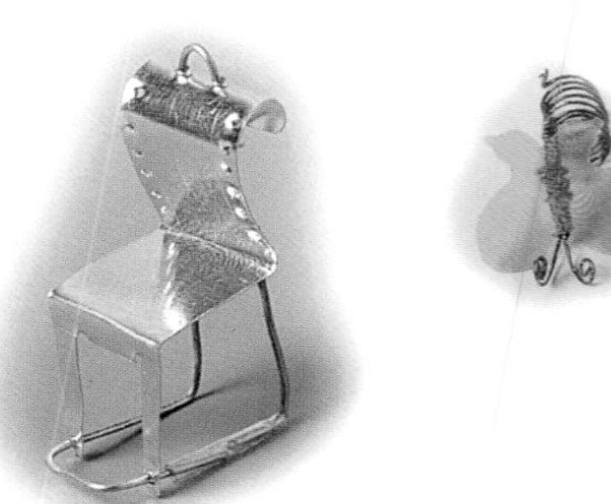

DIY物語
機·械·主·義
造型手機袋系列
PART III

DIY物語
機·械·主·義
手機的家系列
PART IV

DIY物語
機·械·主·義
手機造型組系列
PART V

前言

PREFACE

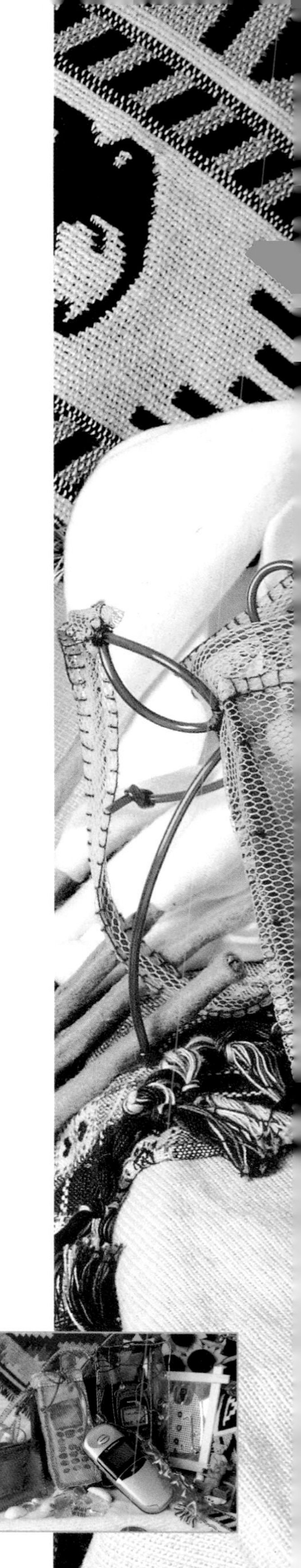

時代演進迅速，
目前已進入電子科技時代，
再加上手機通訊費不斷的降價，
導致現代人們人手一機是非常平凡的日用配件，
而市場上點綴、包裝、保護手機的產品也成為擁有手機
的人們另一大筆消費，
機械主義為了讓有手機的人，
能將自我個性表現出來，
及手機裝飾品能與衆不同，
讓大家能DIY，
製作出屬於自我的裝飾品。

工具材料

TOOLS&MATERIALS

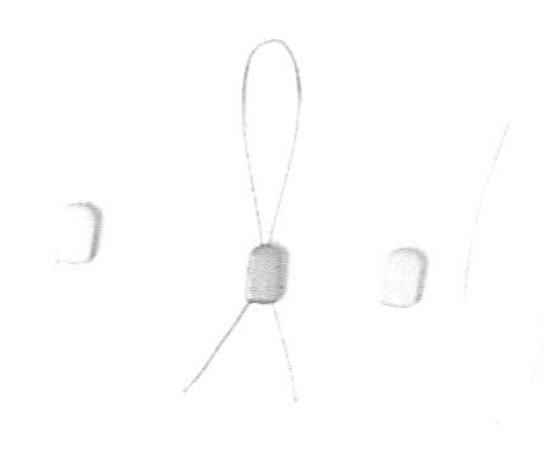

■手機環扣

■鏽線

■背帶

■透明珠珠

■珠珠

■珠珠

■陶瓷珠珠

■扣環

■皮包扣

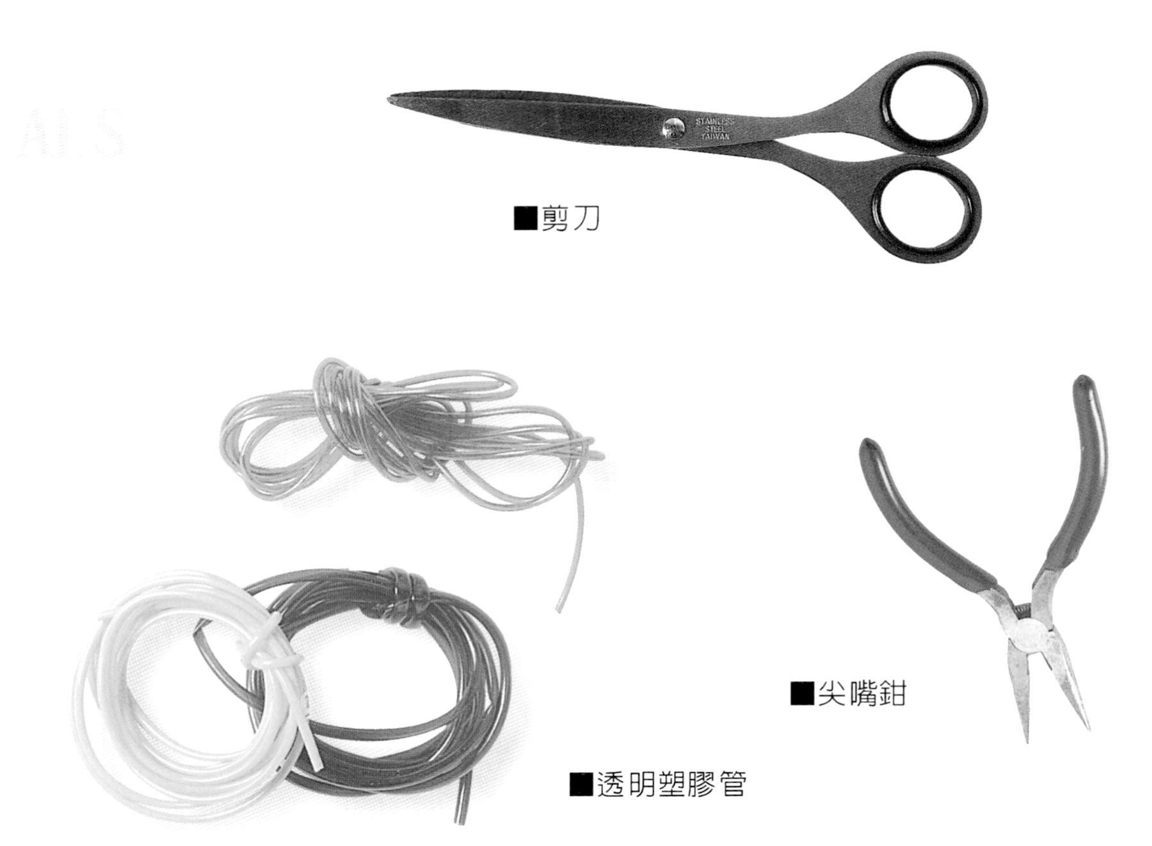

■剪刀

■尖嘴鉗

■透明塑膠管

■相片膠

■毛線

■銅鐵絲

■鐵絲

DIY物語

機·械·主·義

手機鍊子系列

PART Ⅰ

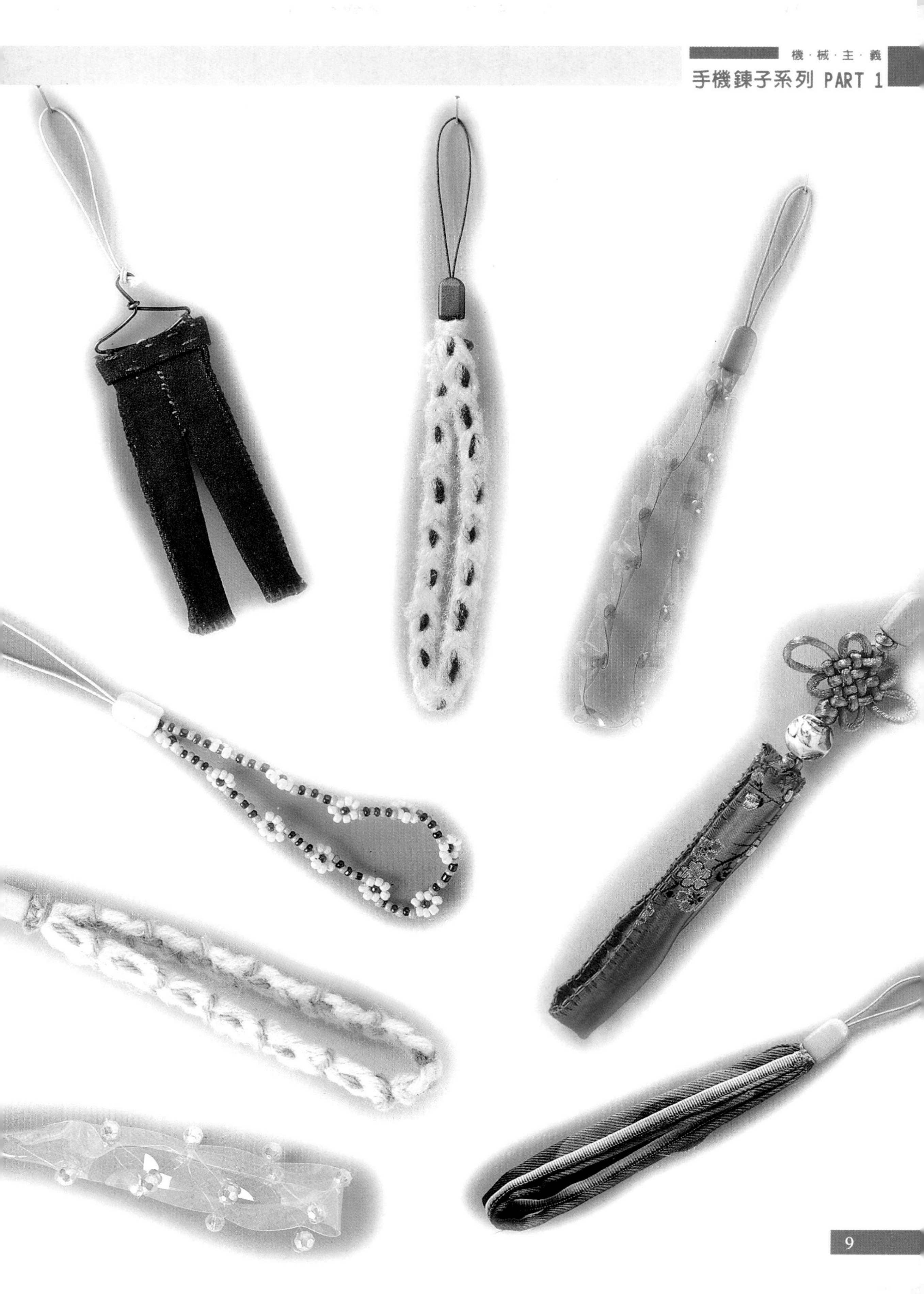

手機鍊子

PART 1

每日更換的小戒指、手鍊，
可以顯現今天的心情，
是不是也應該替手機更換不同的鍊子呢？

NOKIA
02:15
KGT-ONLINE
功能表
NOKIA
14:09
FarEasTone
功能表
電話簿

藍色精靈

由藍、綠色調組成的鍊子，讓愉悅的心情都散發出來了。

1 用藍、綠各深淺色調的珠子，用 P29頁方法串成鍊子。

2 固定繩結。

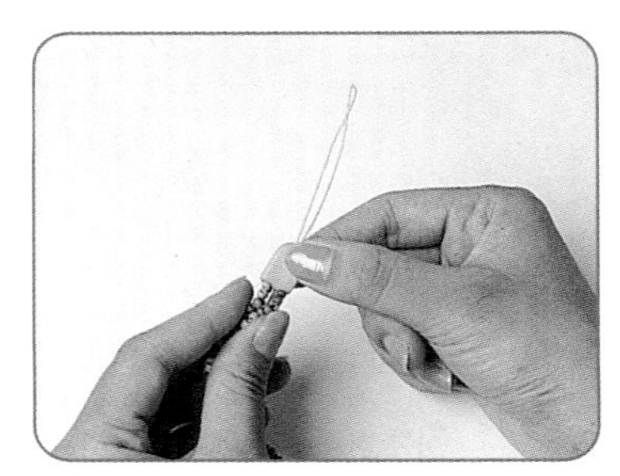

3 套上扣環即可。

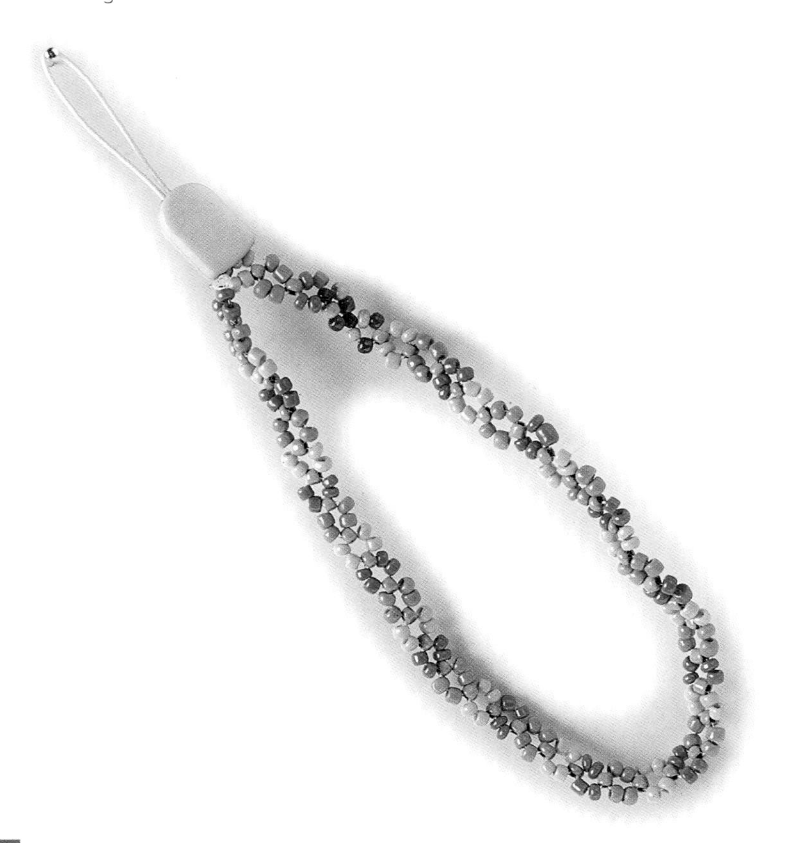

祕密花園

走在滿是花的走道，彷彿已經聞到花香味，令人神清氣爽。

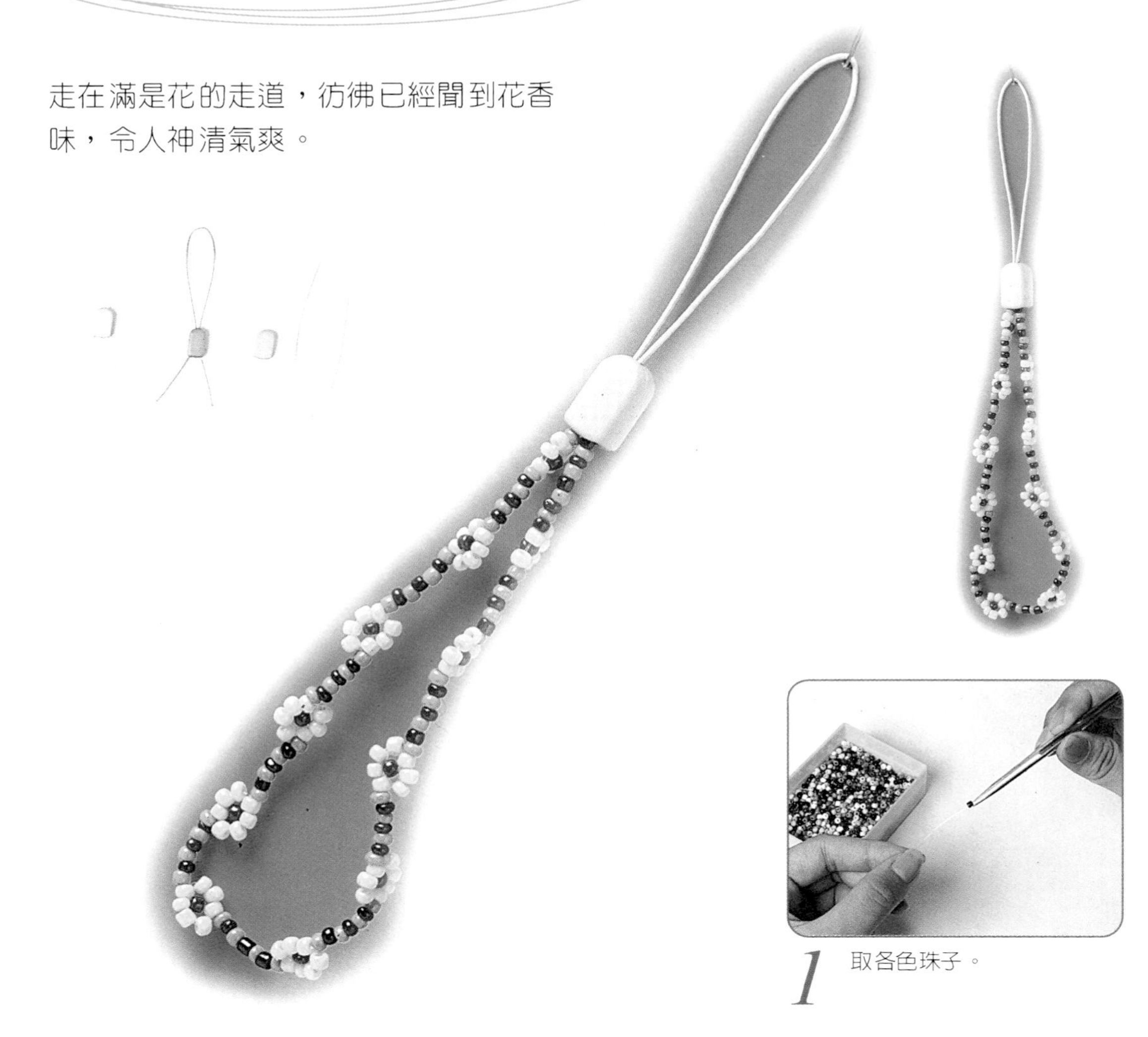

1 取各色珠子。

2 用P28頁的方法串成鍊子。

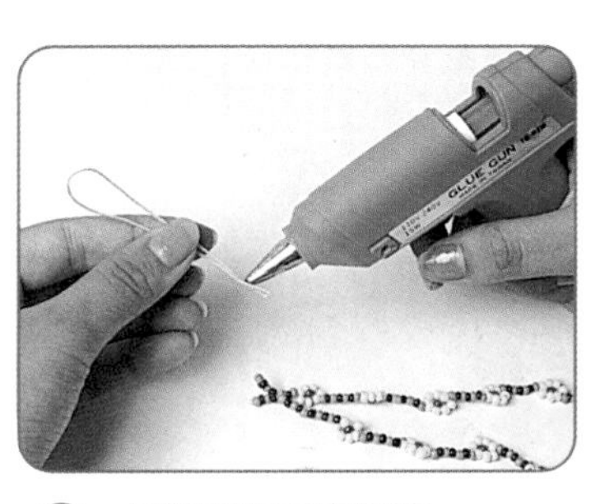

3 用熱熔膠固定繩結。

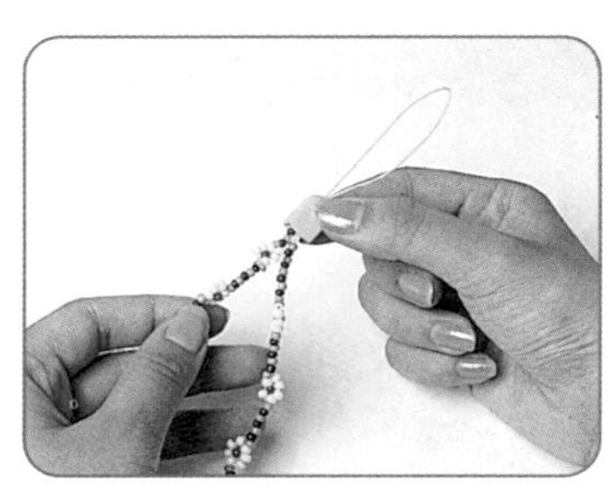

4 套上扣環。

清　新

炎炎夏日，火熱的太陽曬的人頭昏腦脹，
偶爾清新一下，給人不一樣的感受。

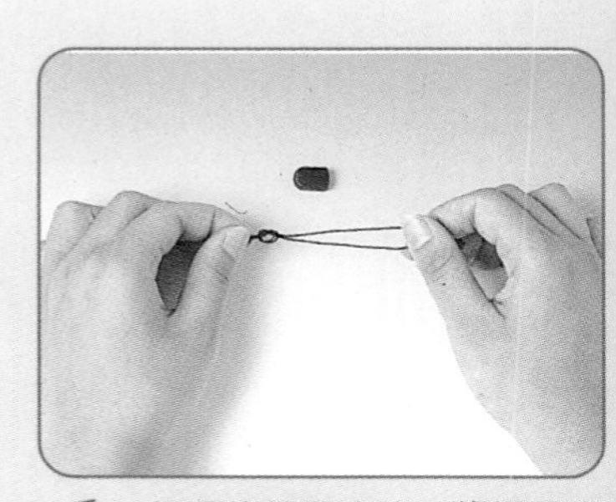

1 扣環的使用方法：將繩子末端打結。

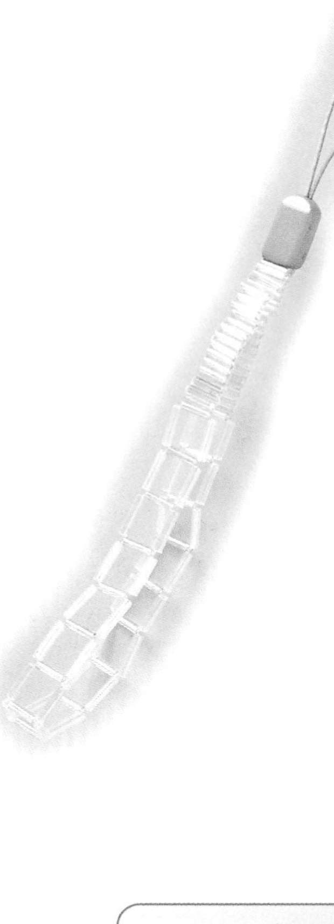

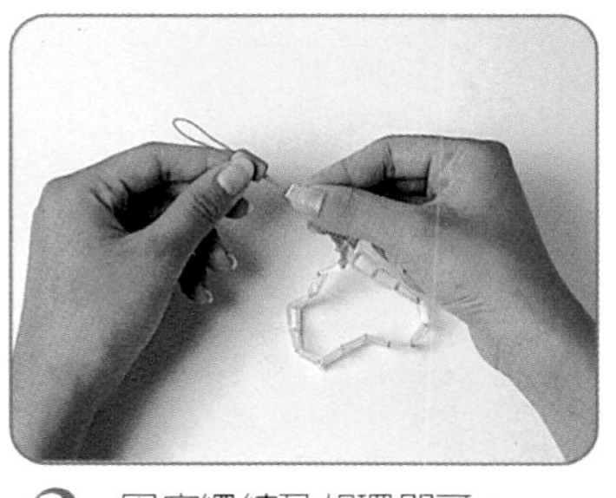

1 取各色管子及珠子。

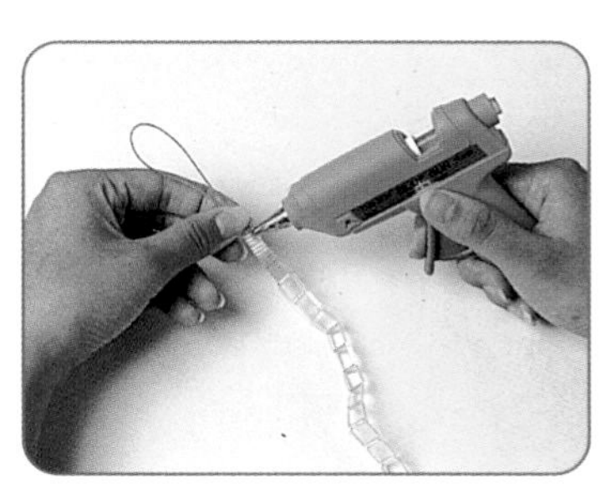

2 用P31頁的方法串出鍊子。

3 固定繩結及扣環即可。

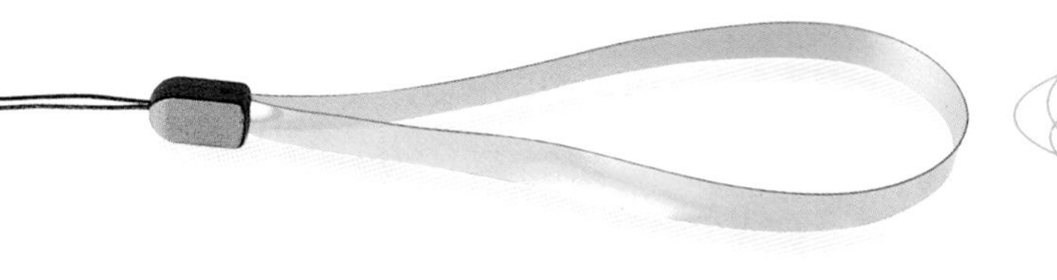

環扣的使用方法

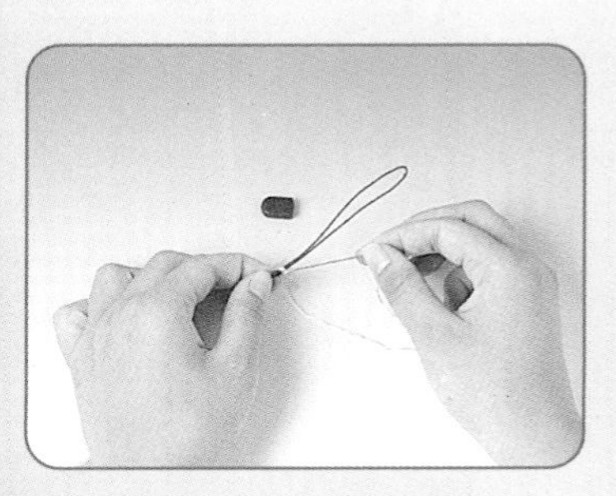

2 將繩結縫至鍊子一頭。

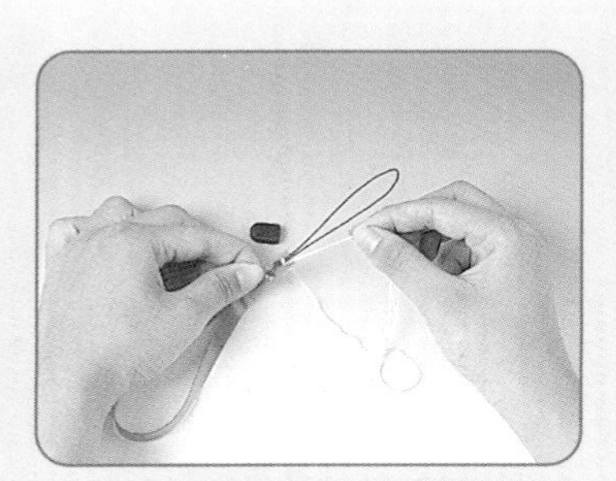

3 將鍊子二頭縫合。

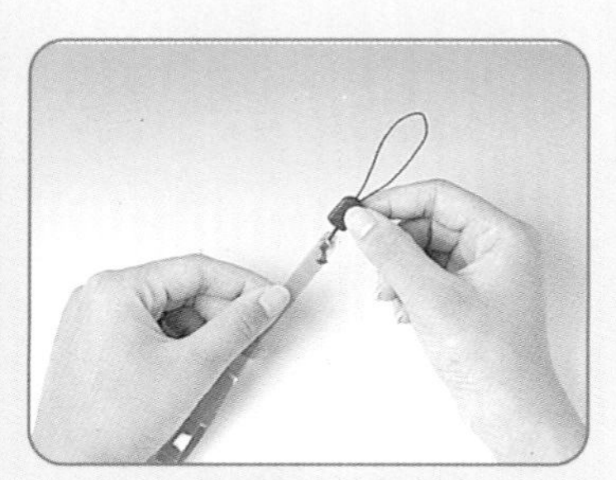

4 套上扣環固定即可。

對 比

黑白分明的配色，充分顯現出對比的色調。

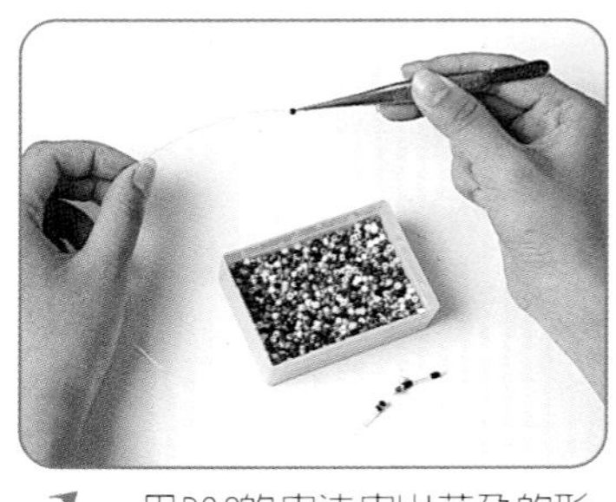

1 用P28的串法串出花朵的形狀。

2 固定繩結。

3 套上扣環即可。

Shopping Day

忙碌了一個月，又到了發薪水的時候，替自己買二件新衣，慰勞一下自己。

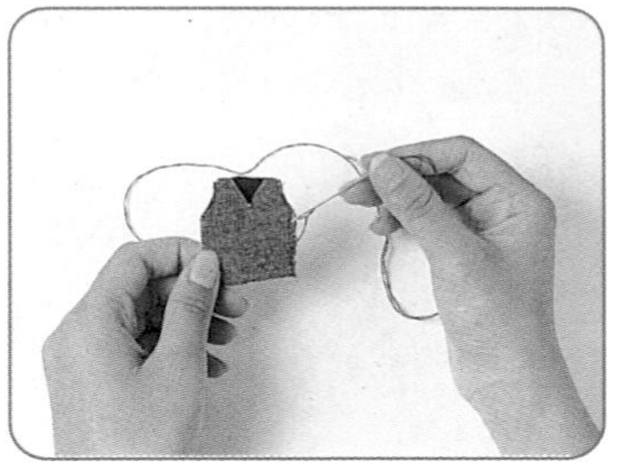

1 剪出上衣型板，縫合缺口。

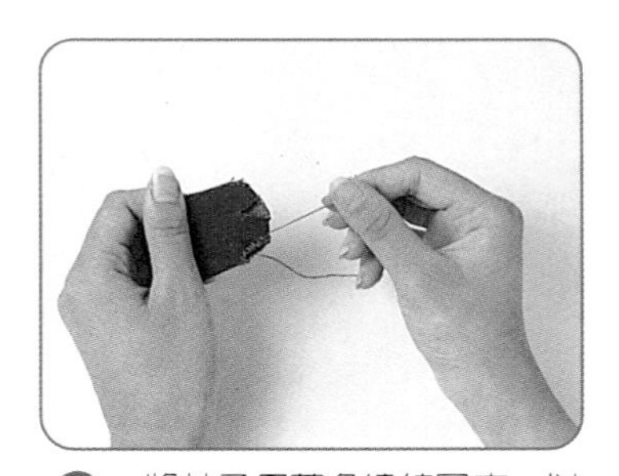

2 將袖子用藍色繡線固定，以防止脫線。

3 上衣下方用紅色繡線固定。

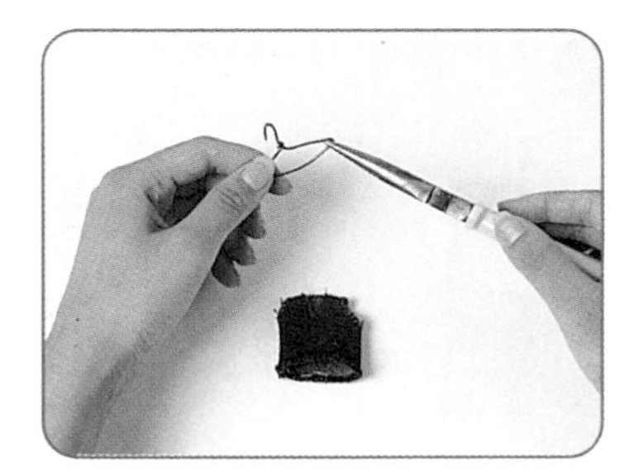

4 用銅線彎出衣架的形狀。

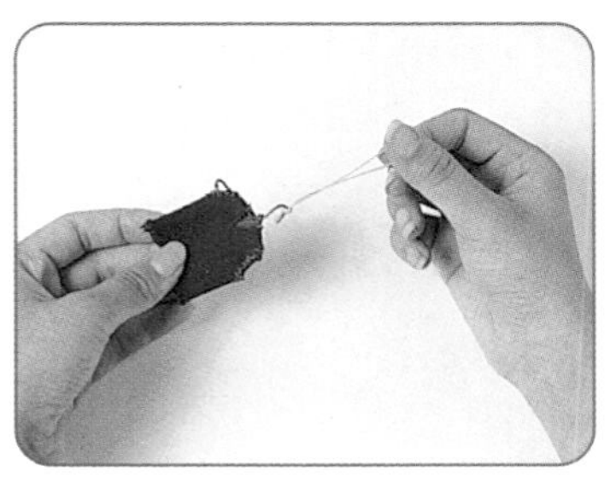

5 將繩結綁在衣架上。

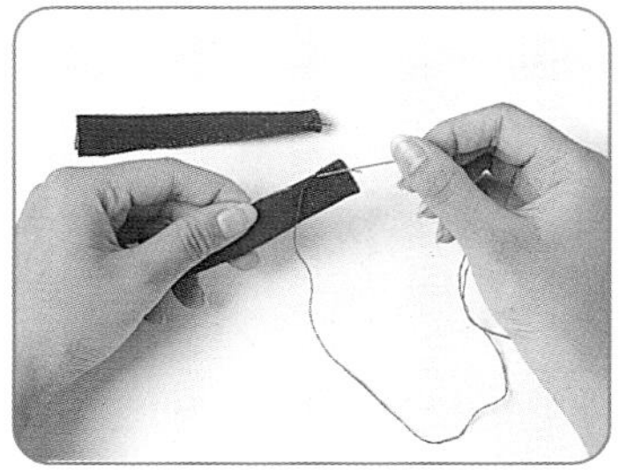

1 用3cm牛仔布對折縫上紅色繡線。

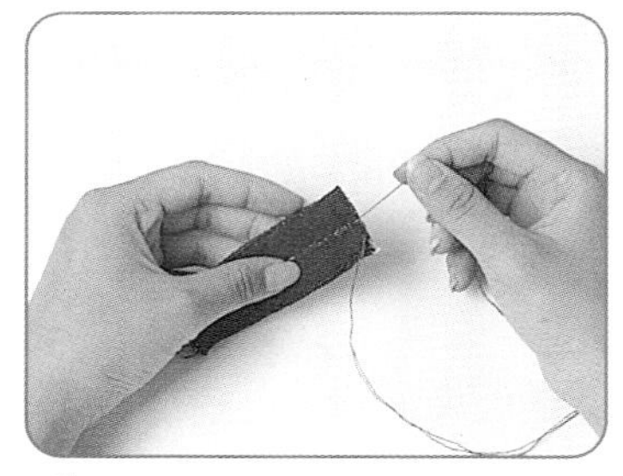

2 將縫好的二條褲管取其中一頭5cm處固定。

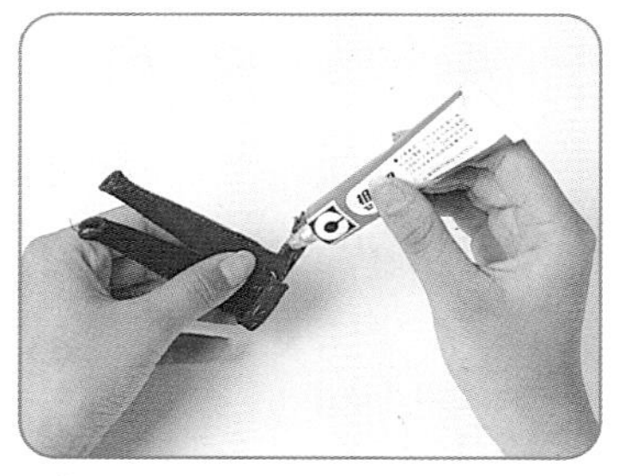

3 用相片膠黏上腰帶。

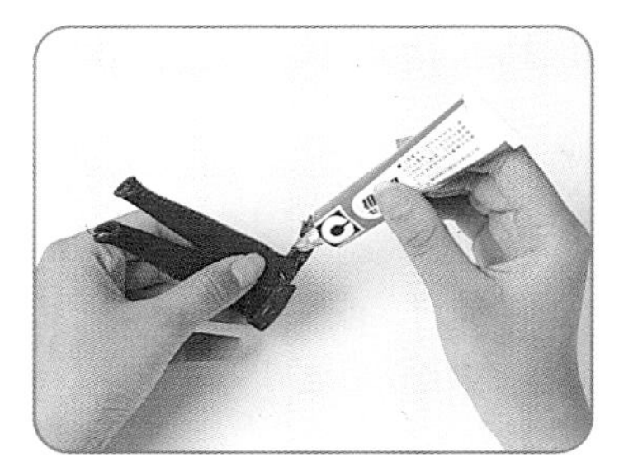

4 用銅線彎出衣架形狀。

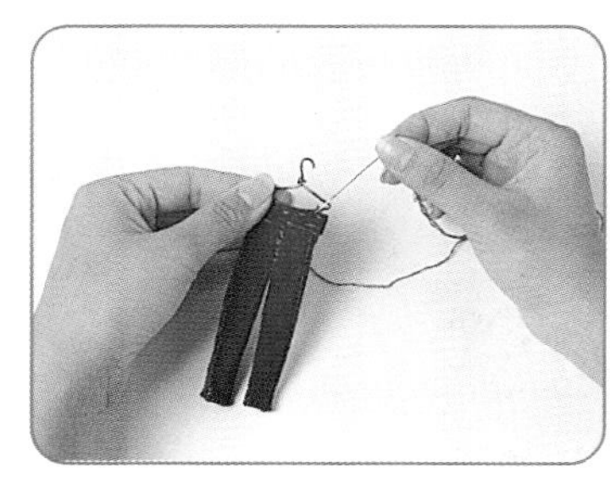

5 把衣架及褲子固定。

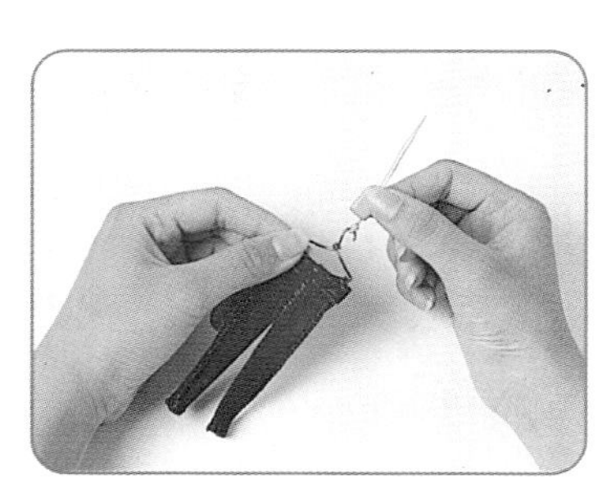

6 拿繩結固定衣架即可。

夏日風情

毛線做成的毛機鍊，有著比珠子、皮料更不同的感覺。

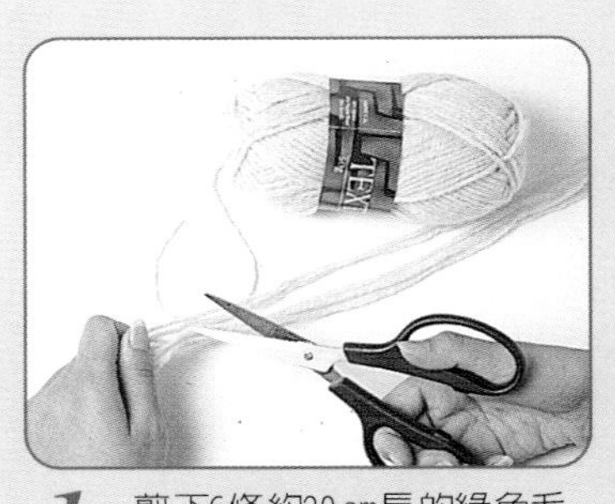

1 剪下6條約30 cm長的綠色毛線。

2 以2條為單位編成辮子。

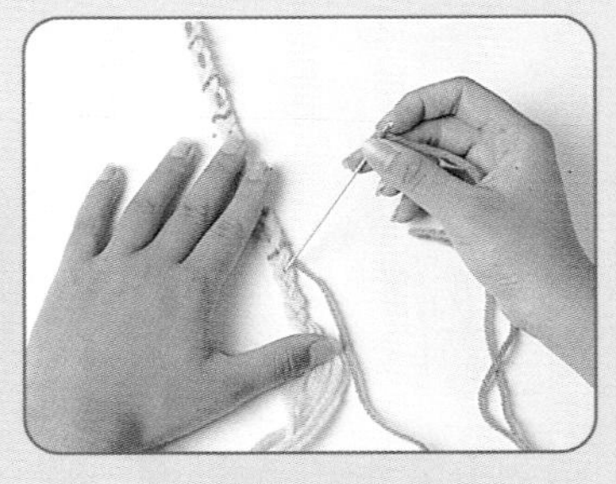

3 用藍色毛線交叉做成圓形。

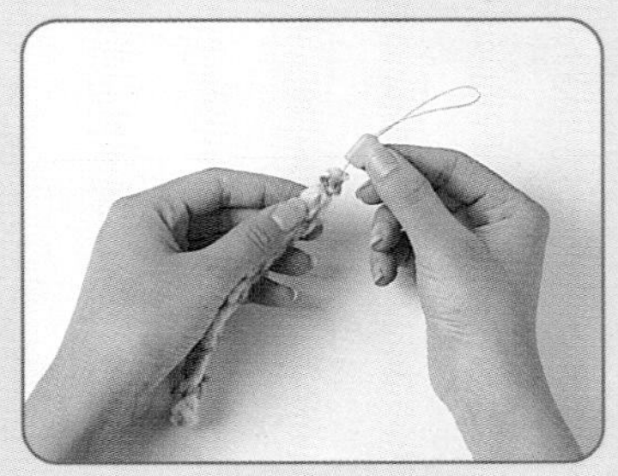

4 串上繩結及扣環。

春意盎然

黃紅的搭配，好像春天花朵的色調，使手機有一股春天該有的活力。

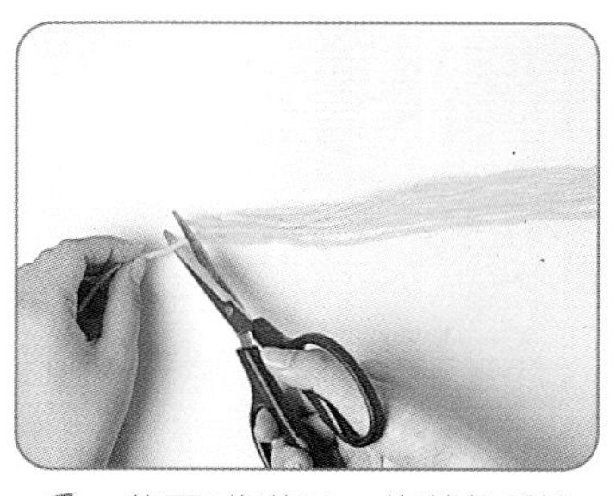

1 剪下6條約30cm的黃色毛線。

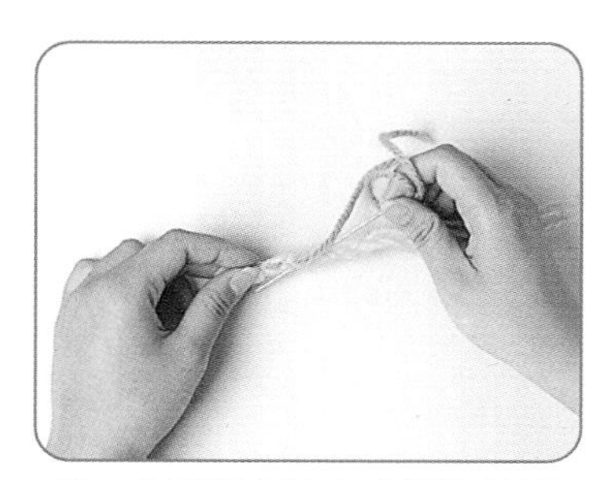

2 以編辮子的方式編織中間用橘色毛線穿過。

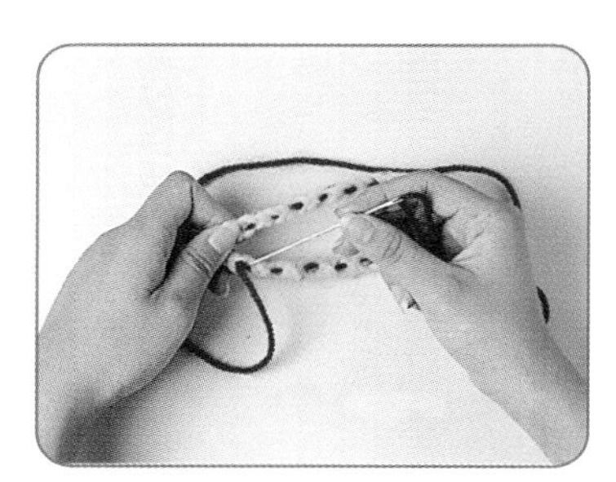

3 再用紅色毛線和橘色毛線平行穿越。

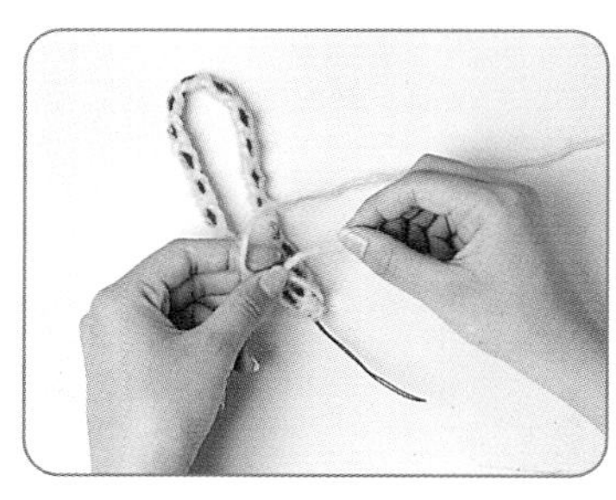

4 用黃色毛線綁住二頭。

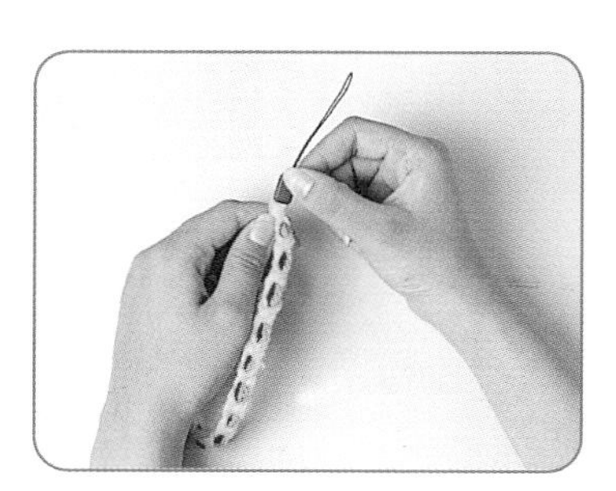

5 接上繩結及扣環完成。

閃 耀

簡單俐落的搭配，不做任何複雜的裝飾，
更可凸顯它的特色。

1 裁切出2.5×25cm長條塑膠布。

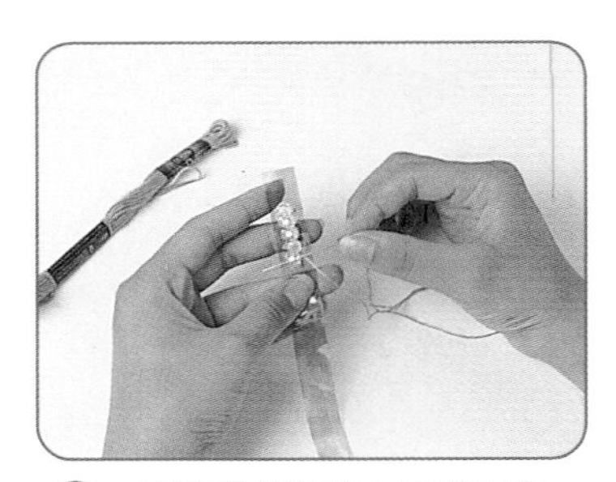

2 用膚色繡線串上珍珠白珠子。

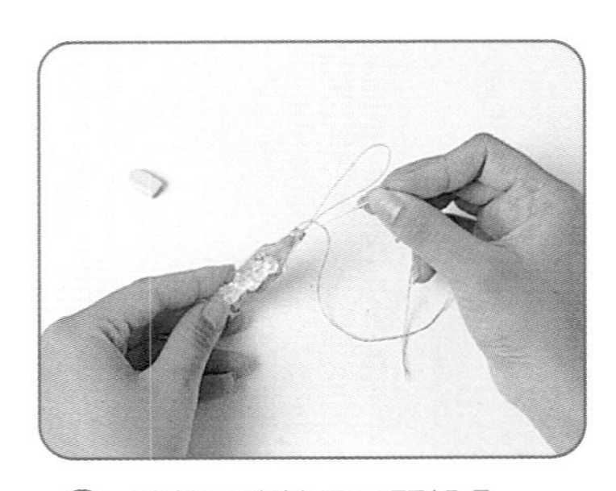

3 繡線固定鍊子二頭部分。

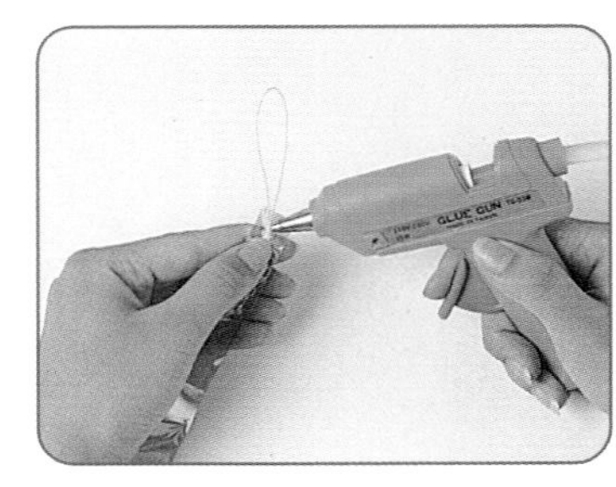

4 用熱熔膠固定繩結。

5 穿上扣環即完成。

原　野

油油亮亮的翠綠，猶如好久不見的休閒與放鬆的心情。

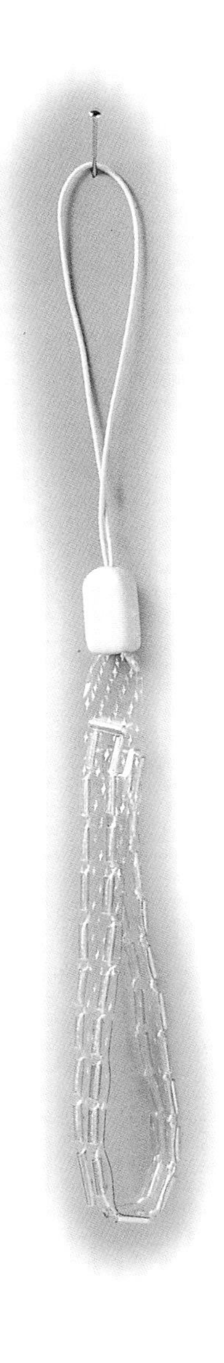

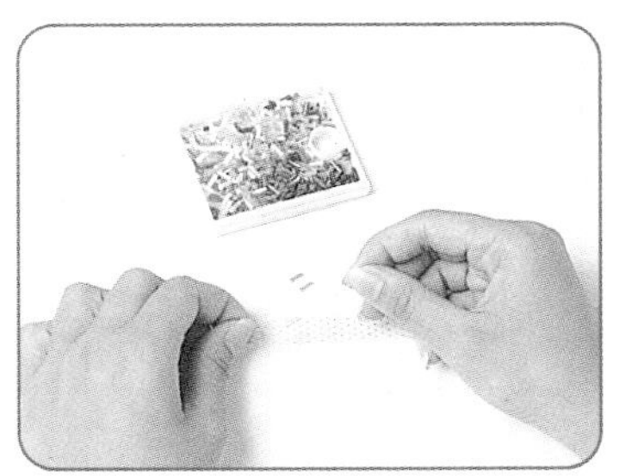

1 將珠子用釣魚線固定在透明塑膠布上。

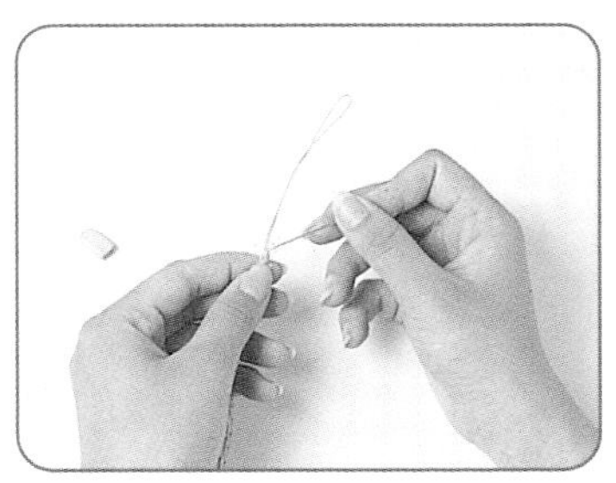

2 將繩結固定在鍊子

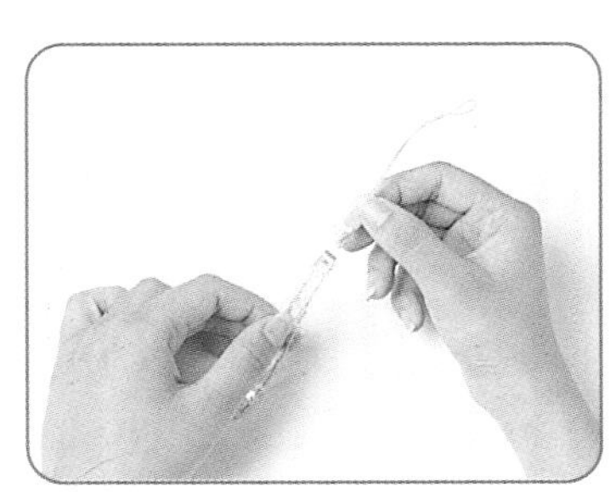

3 扣上扣環即完成。

格　　子

牛仔布料的格子，有著比單色系更豐富的
色調，搭配手機，更有另一番風味。

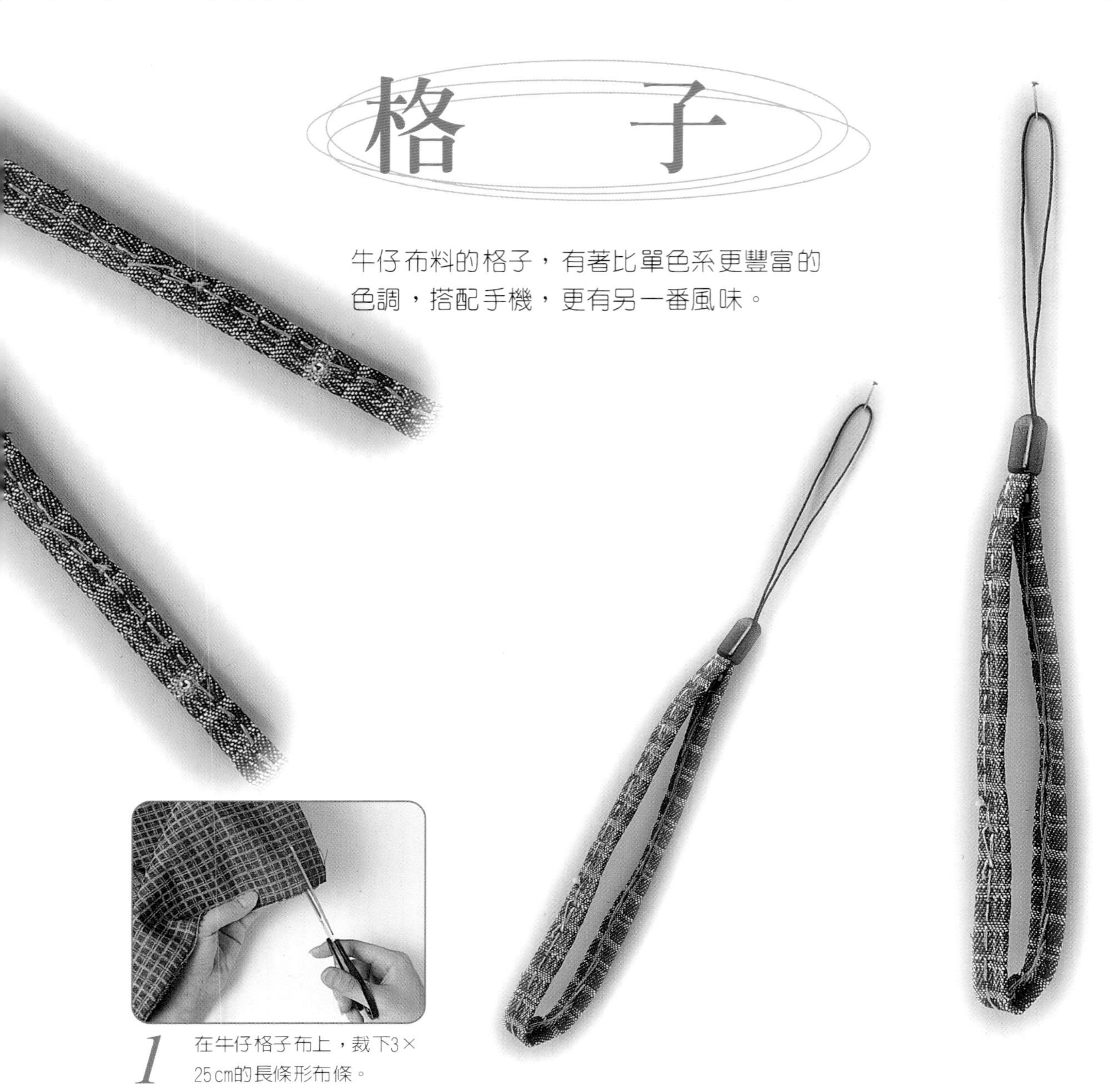

1 在牛仔格子布上，裁下3×25cm的長條形布條。

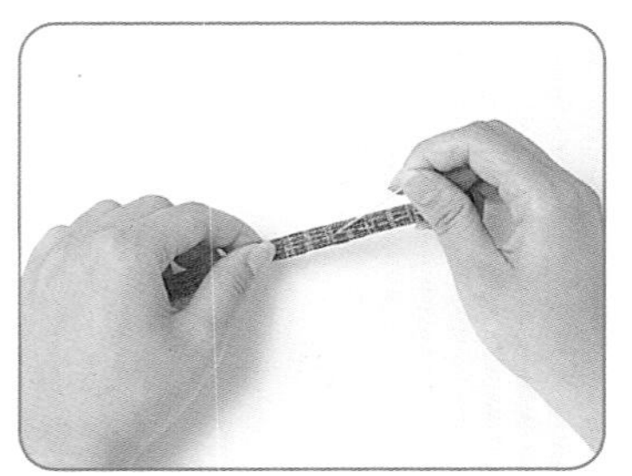

2 把布條對折用迴針縫法縫合。

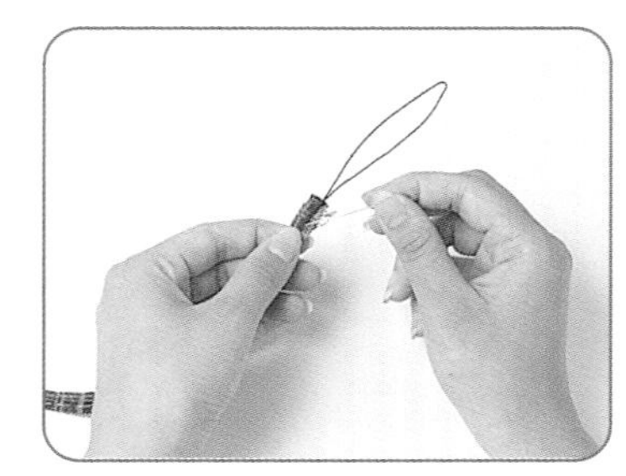

3 將繩結縫至布上。

4 把扣環套上即可。

鑽 石

鮮豔的金黃色，在太陽下有如鑽石般的閃耀，令人愛不釋手。

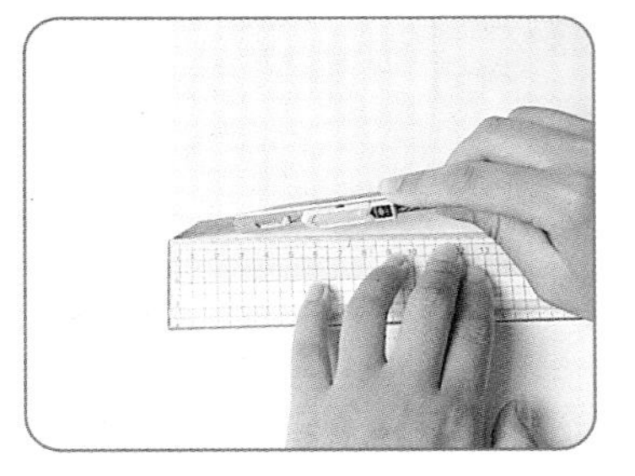

1 用刀片裁下2.5×25cm長條。

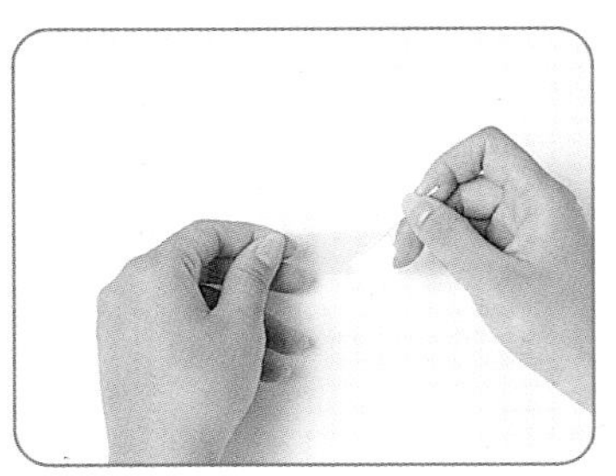

2 在長條塑膠布上的二邊用針各戳二個洞。

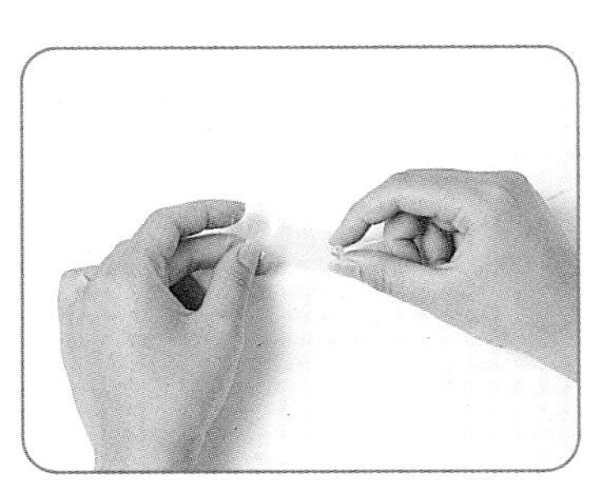

3 用釣魚線串上珠子。

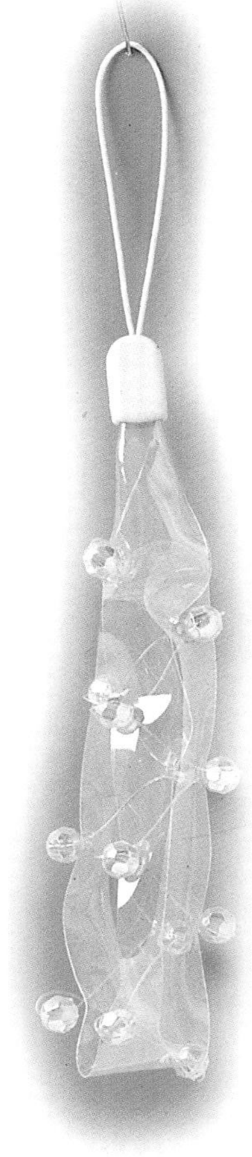

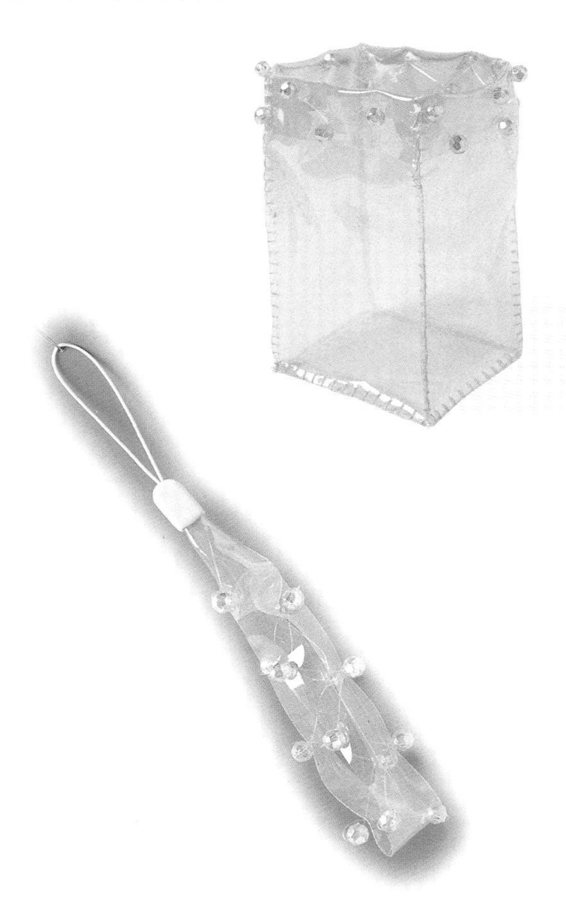

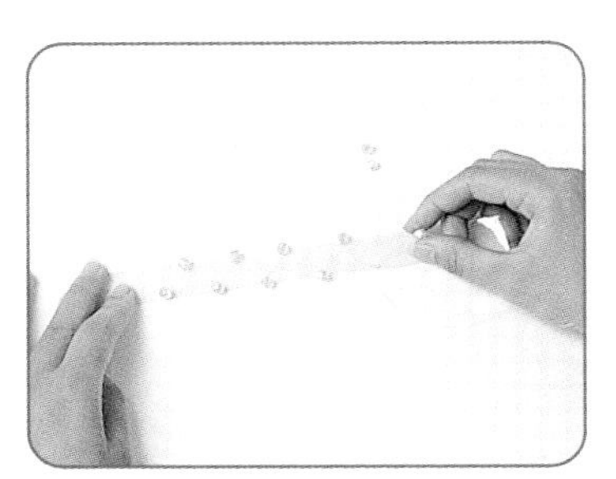

4 串上後左右交叉。

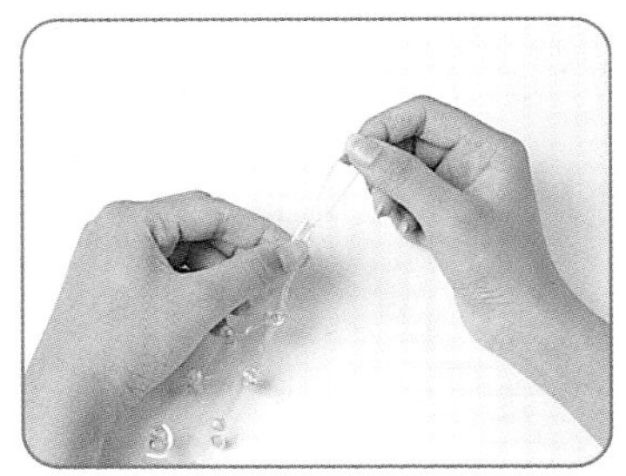

5 固定繩結。

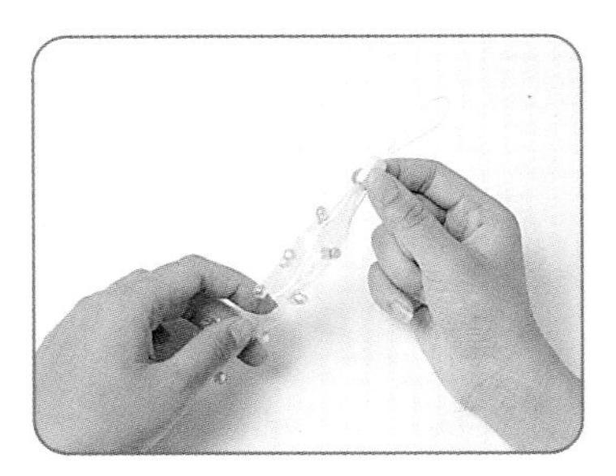

6 扣上扣環即可。

DIY物語

機·械·主·義

手機天線戒指系列

PART II

手機天線戒指

PART 2

利用不同的材質製作有如戒指般的裝飾，
再經由巧妙的點綴為自己心愛的手機套上戒指，
以證明它是自己的珍寶。

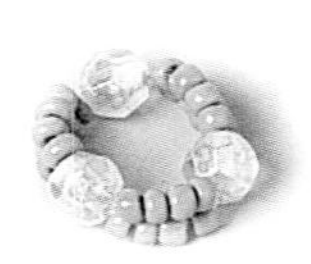

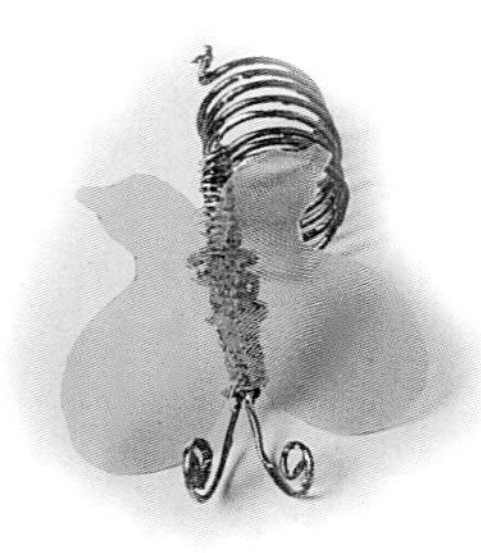

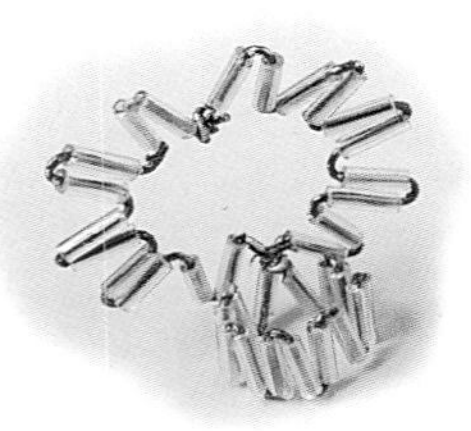

MOTOROLA
cd928
NOKIA
台灣大哥大
SAGEM DC 818

小小的珠珠，串成小戒指，為自己手機套上戒指。

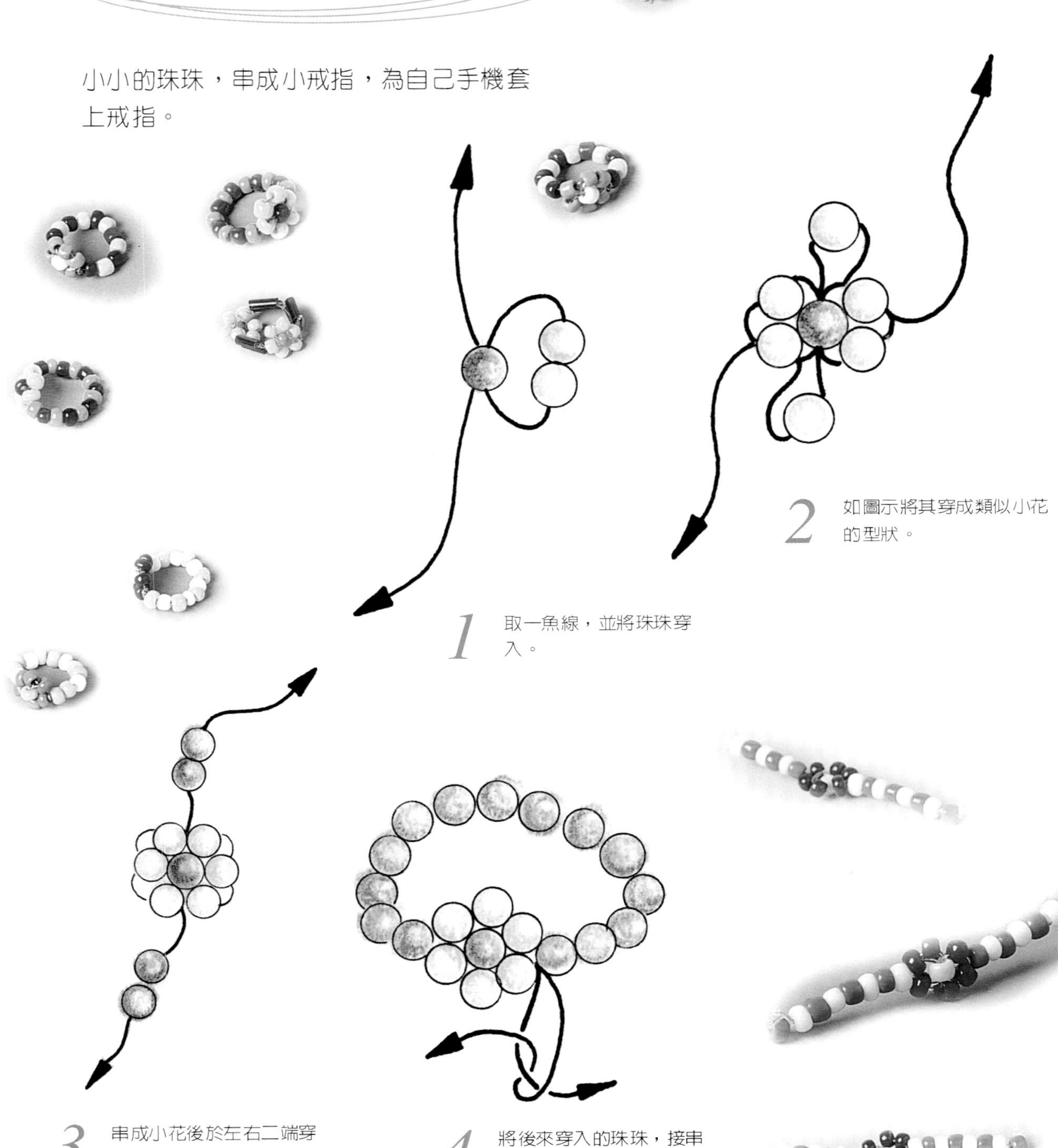

1 取一魚線，並將珠珠穿入。

2 如圖示將其穿成類似小花的型狀。

3 串成小花後於左右二端穿入長串的珠珠。

4 將後來穿入的珠珠，接串於一圈後固定。

七彩輪

七彩環成一圈，有如彩虹般，環成一圈，掛於天線上。

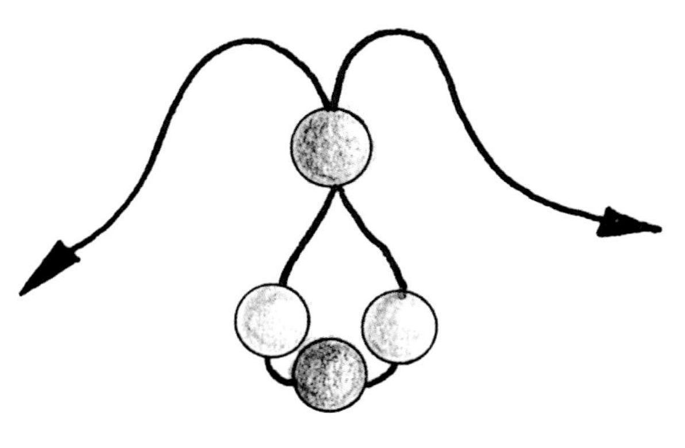

1 取條魚線後，如圖示串入珠珠。

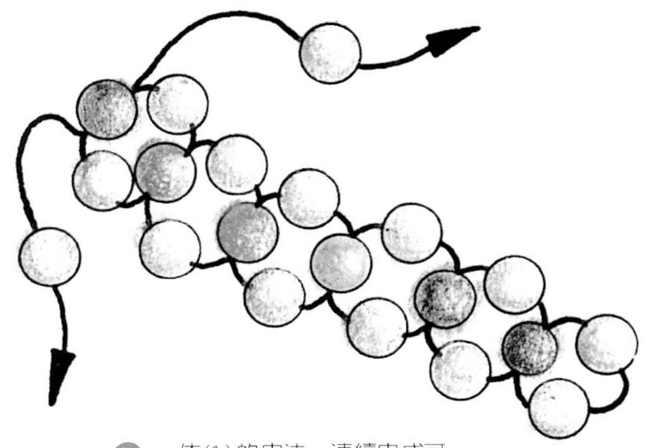

2 依(1)的串法，連續串成可圍成手機天線的長度。

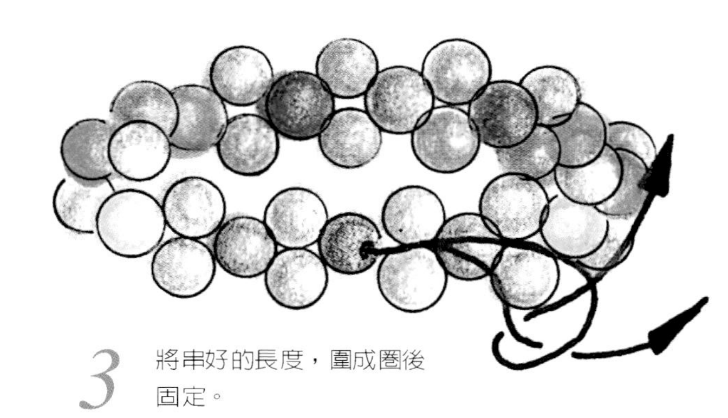

3 將串好的長度，圍成圈後固定。

圈

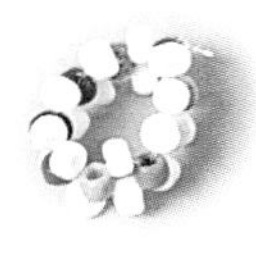

大珠、小珠多成串，圍成一個圈，圈在手機天線上。

1 取大珠小珠後如圖示串入。

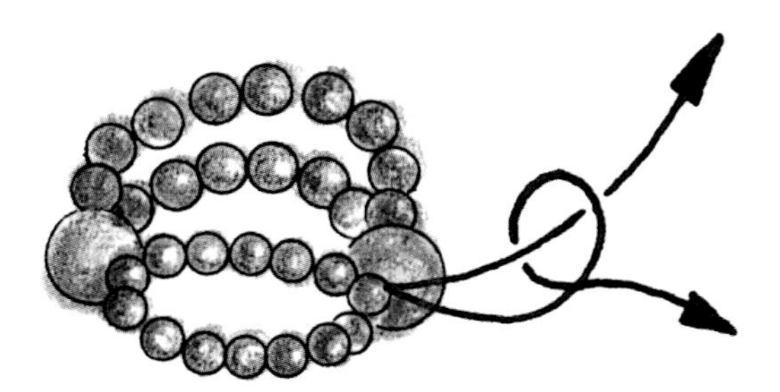

2 串好後圍成一圈固定，即完成。

天使座

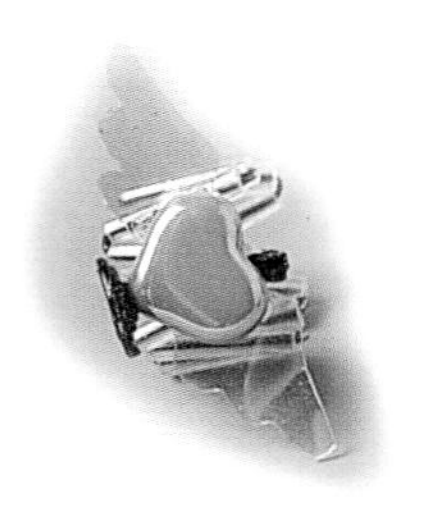

天上佈滿了星座，天使座位於何處。

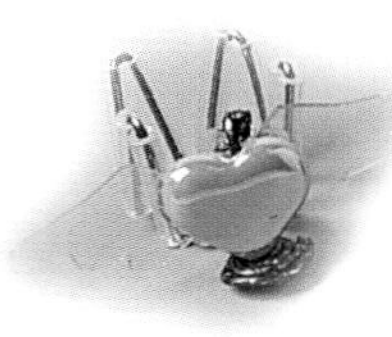

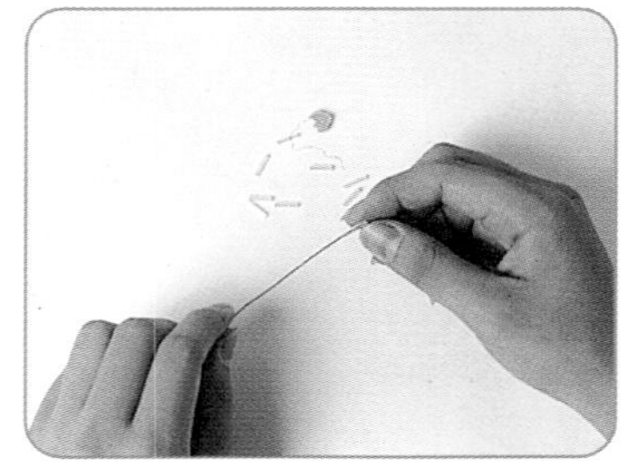

1 取一鐵絲及珠珠，將長型珠珠串入。

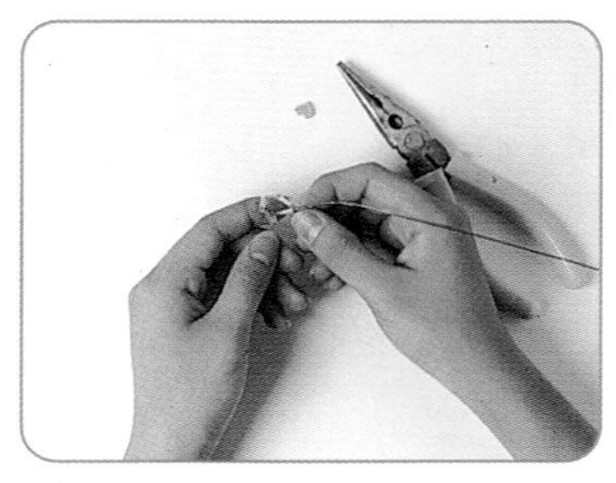

2 串入長型珠珠後，於珠珠相接處彎折，彎成一圈後固定。

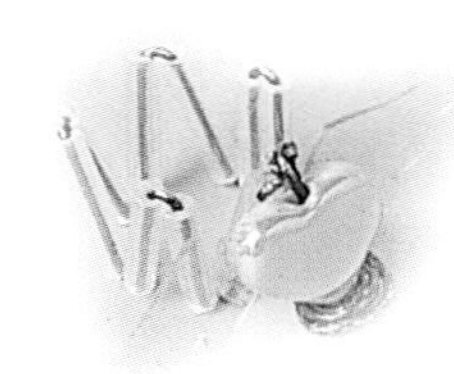

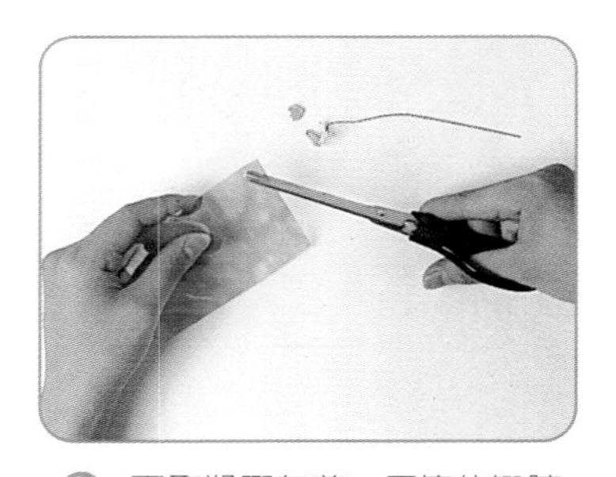

3 再取塑膠布剪一天使的翅膀。

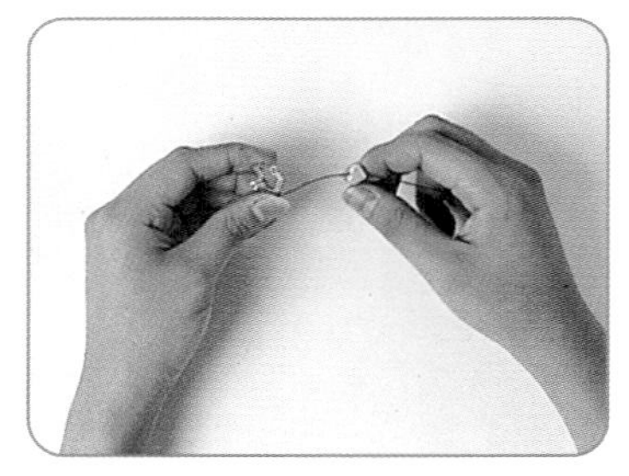

4 先將心型的珠珠穿入於固定好的主體。

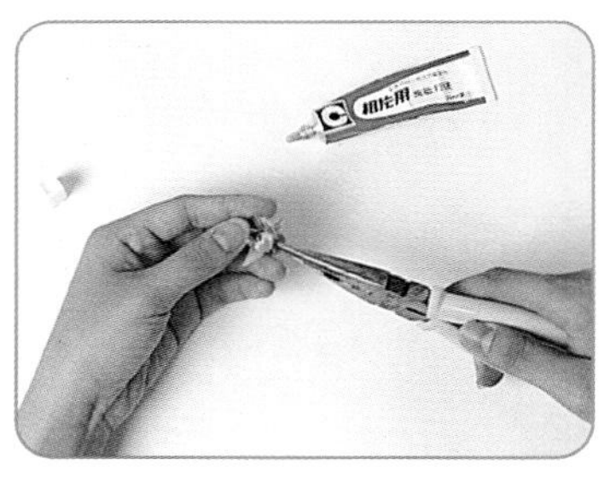

5 將剪下的翅膀，黏貼於心型珠珠背後，再將心型座固定。

圓星

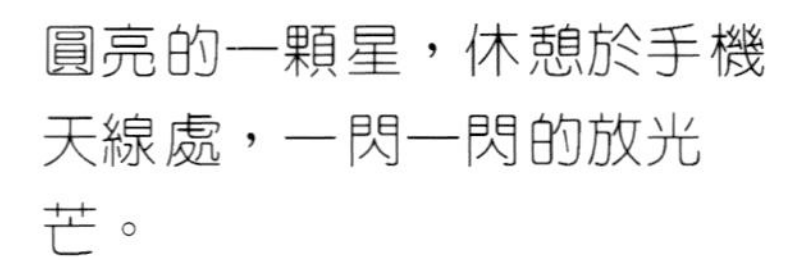

圓亮的一顆星，休憩於手機天線處，一閃一閃的放光芒。

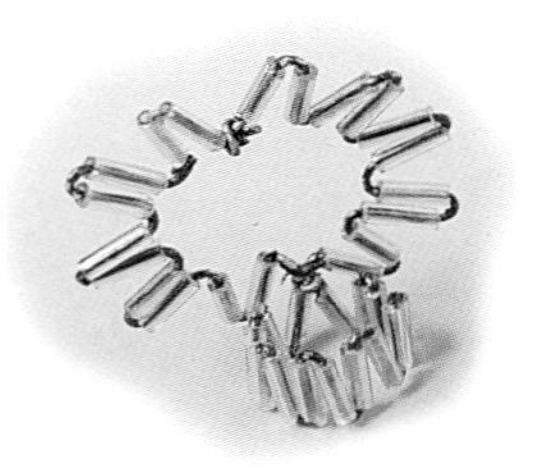

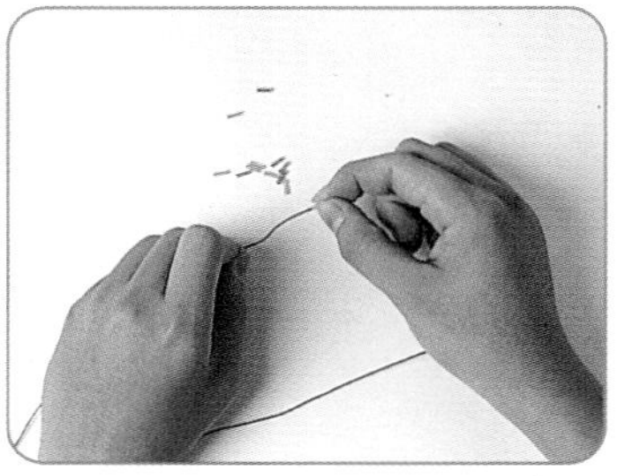

1 取些長型珠珠，將其一一串於鐵絲上。

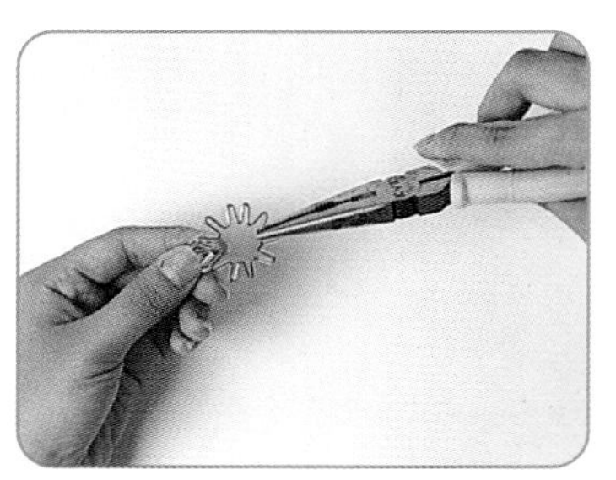

2 將串好的珠珠彎曲成圖片的型後固定。

穿針引線

一條魚線，穿過長型珠珠，再繞過小圓珠，
一個接著一個，牽繫在一起。

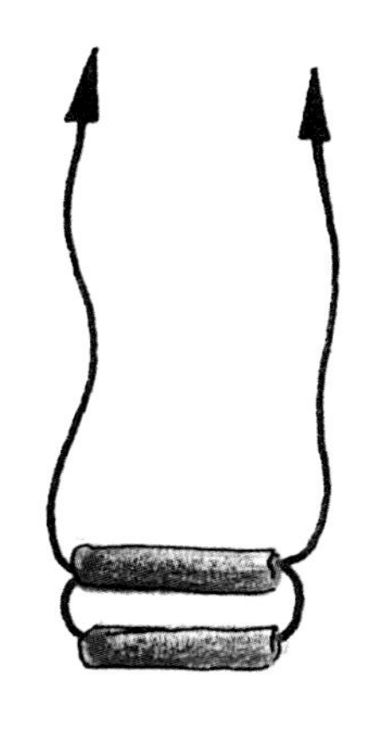
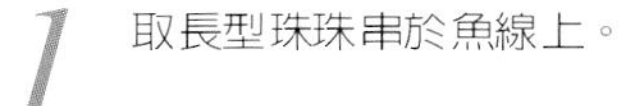

1 取長型珠珠串於魚線上。

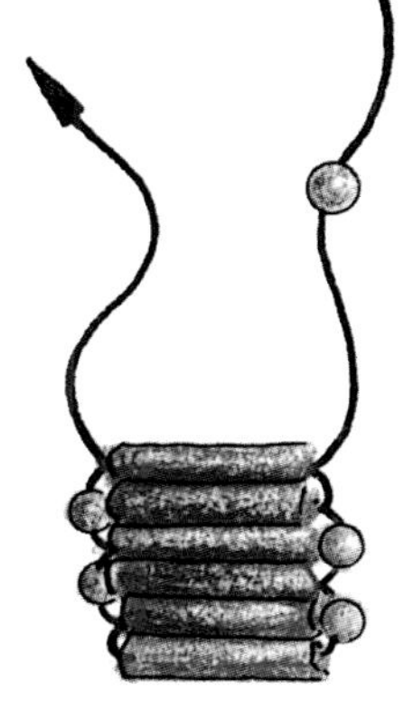

2 長型珠珠間加一小圓珠，使其有變化些。

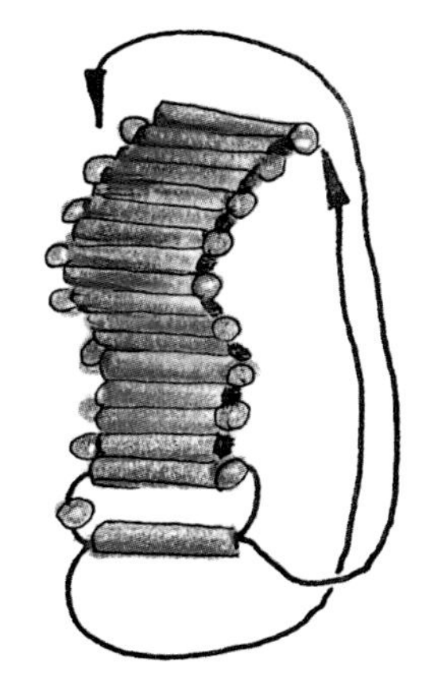

3 穿到一定長度後，回接開端，串接起來即可。

幾　何

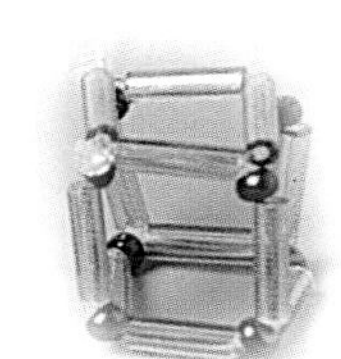

利用簡單素材，塑造一個特別且鏤空的立體幾何天線帽。

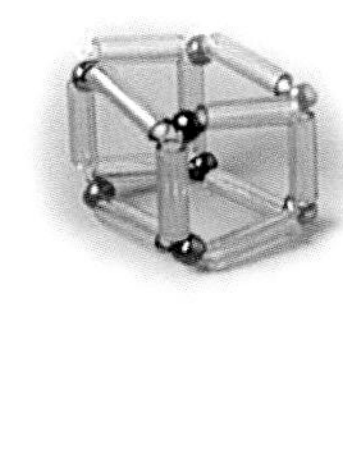

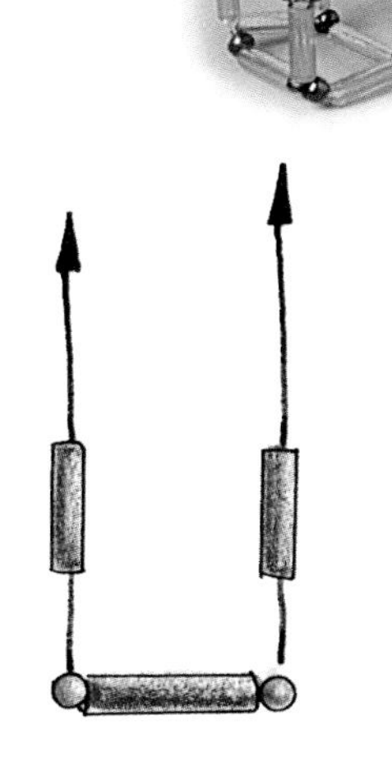

1 如圖示串法串製。

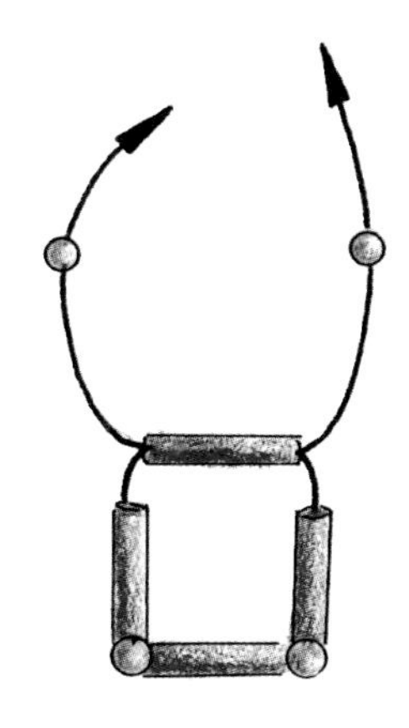

2 依序的串法，串成方形，一一接成長條鍊狀。

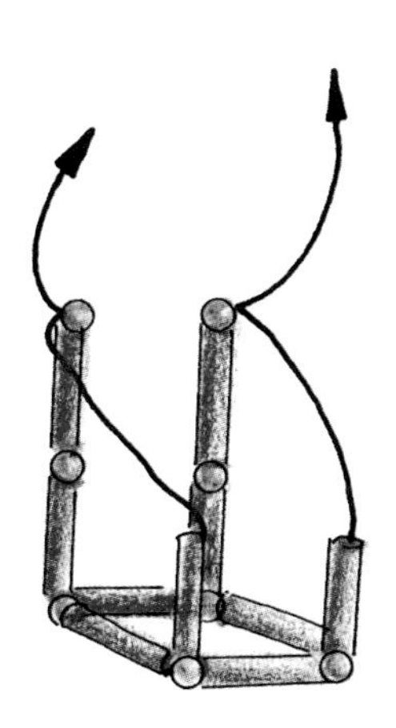

3 將其合於一起後固定，即可形成一幾何造型。

鐵絲椅

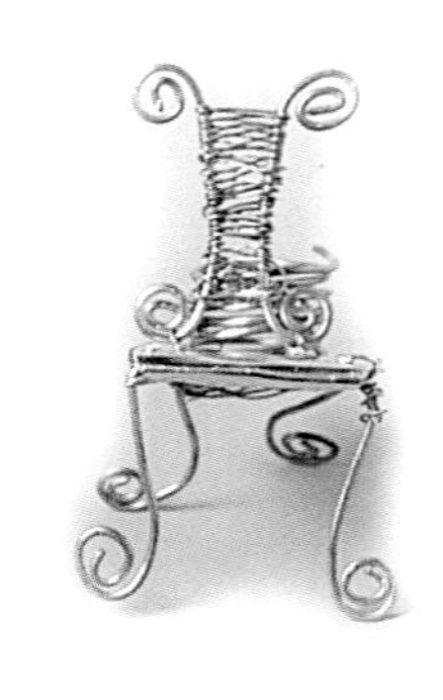

鐵絲捲成一把椅，將其置於天線上，有高高在上感覺。

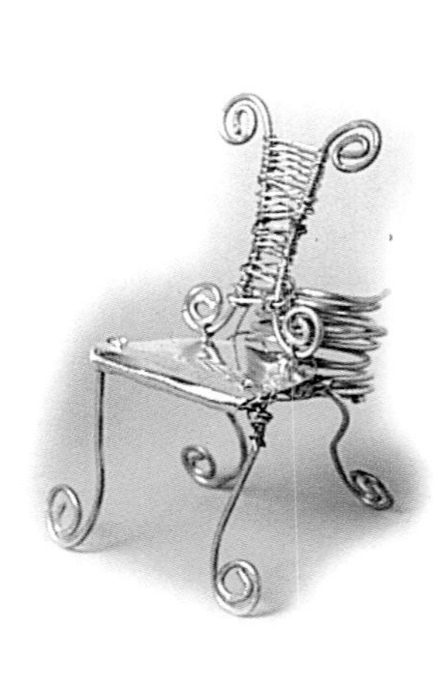

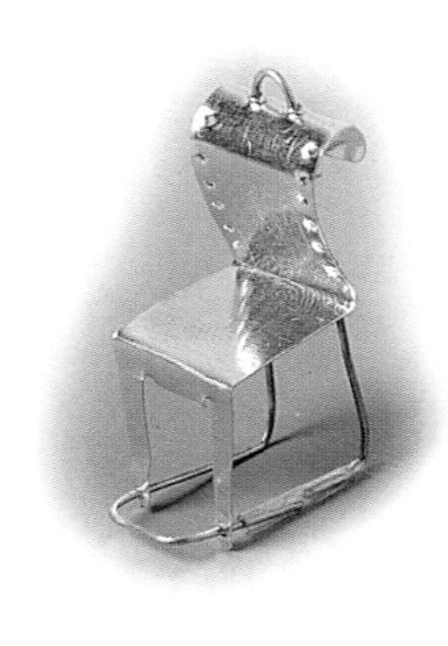

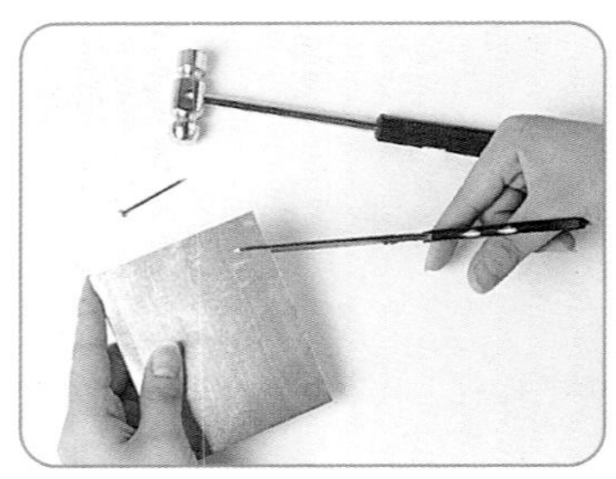

1 取一鋁片剪成椅面，並於其四角打洞（用來固定椅背及椅腳）。

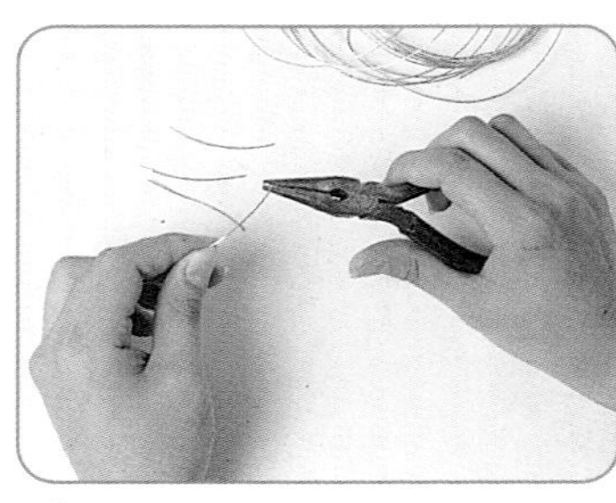

2 取一長鐵絲，剪下幾段後於鐵絲兩端彎曲。

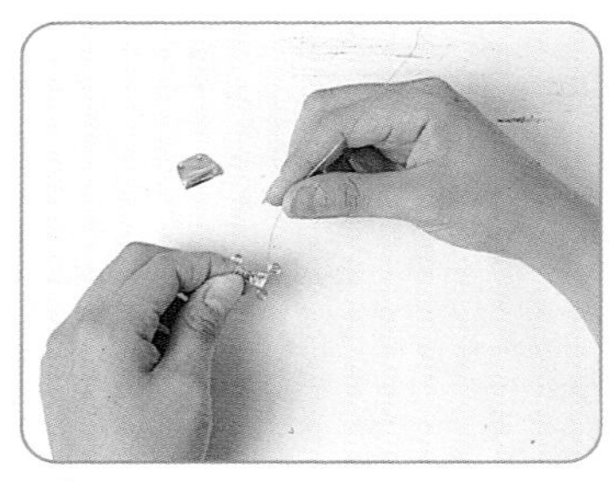

3 將二段捲好的鐵絲，另用細鐵絲繞成椅背。

4 再用細鐵絲將椅背及椅腳穿過椅面的四個孔固定。

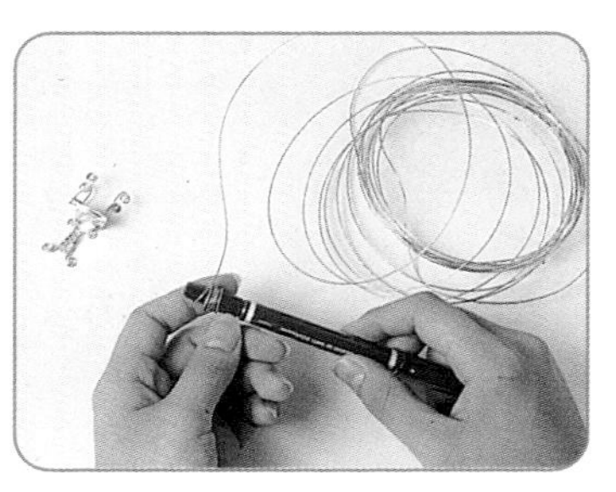

5 用鐵絲繞成手機天線寬度，一圈一圈的。

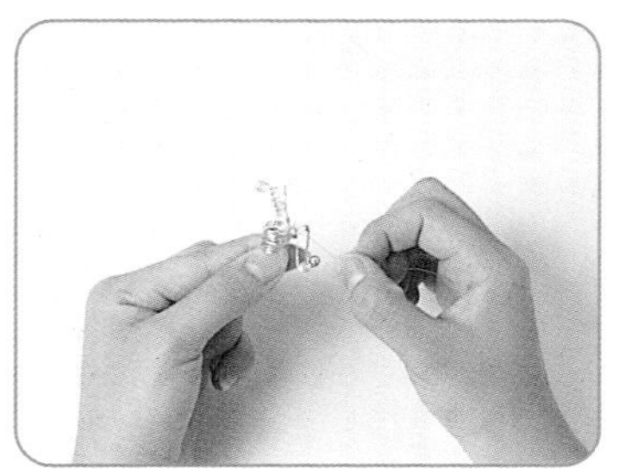

6 將其固定於製好的椅子背面，如此即可掛於手機天線上。

編織夢想的花

粉色紙藤的編織，原始意味濃厚，將過往的夢想，編織成美麗花朵。

1 取紙藤剪下幾段。

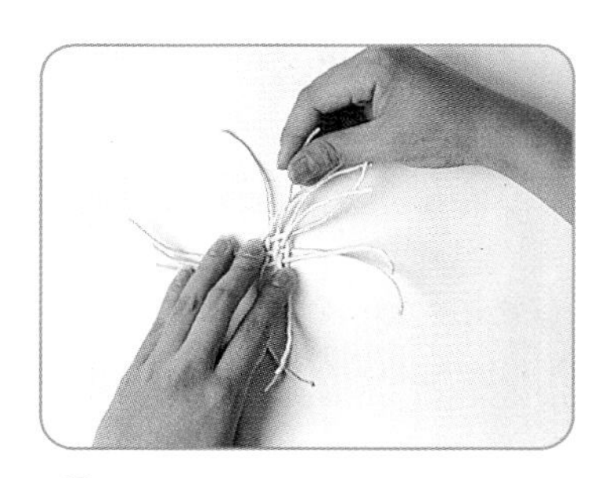

2 如下圖示交錯編織。

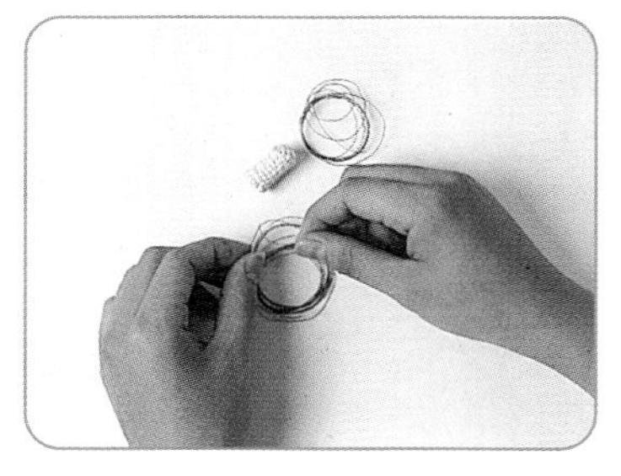

3 取漆包線將其捆捲成小花的型。

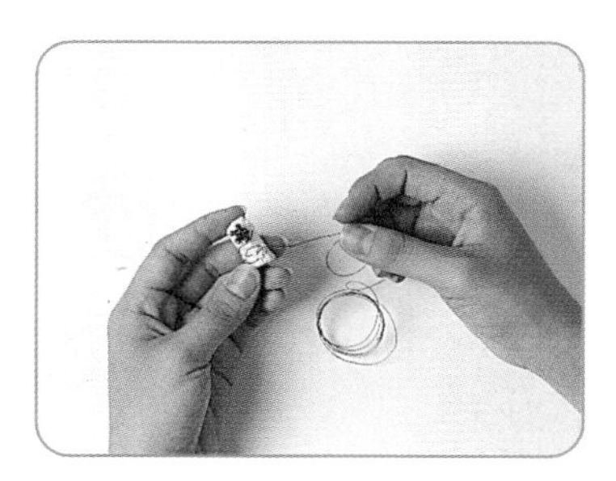

4 捲好花再用漆包線固定於紙藤柱上。

編織方法

額外取一條紙藤，於中心外圍上下來回編織即可，如此即可形成圓柱狀。

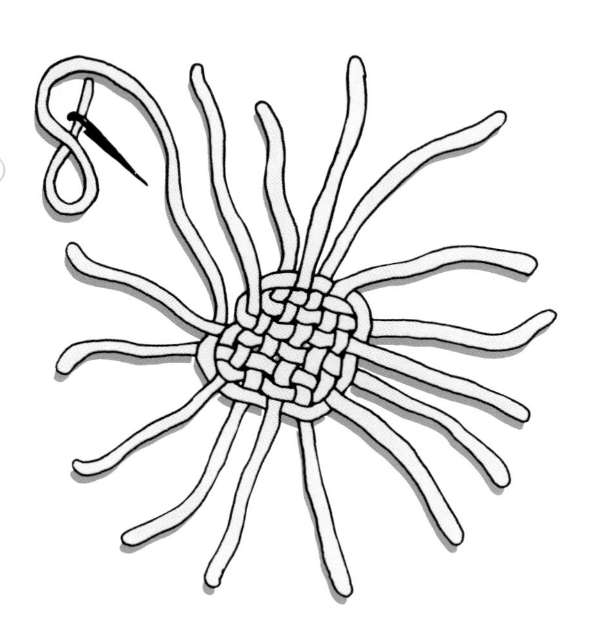

毛線花

利用毛線的鮮豔色彩，編織成繽紛的花朵。

1 取毛線後並剪下幾段不同色彩來搭配。

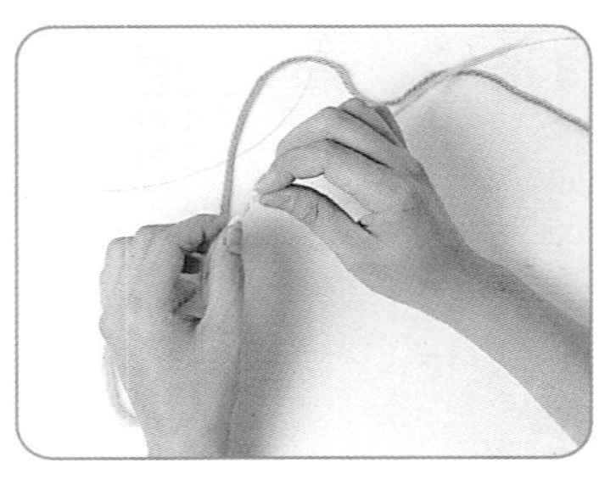

2 再取一細鐵絲，穿插於毛線中。

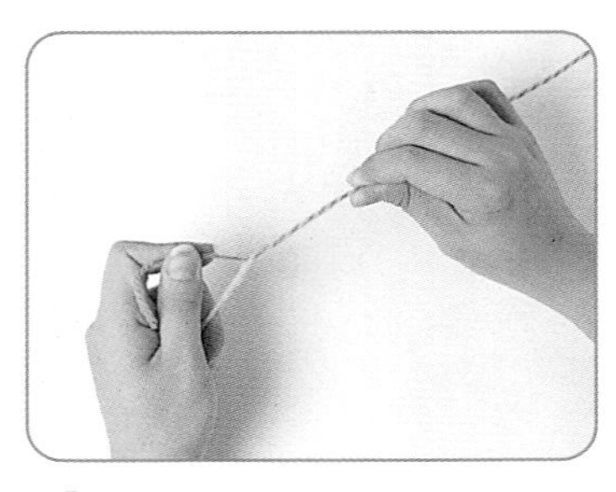

3 將穿好的不同色毛線捲曲於一起，使其成為一條。

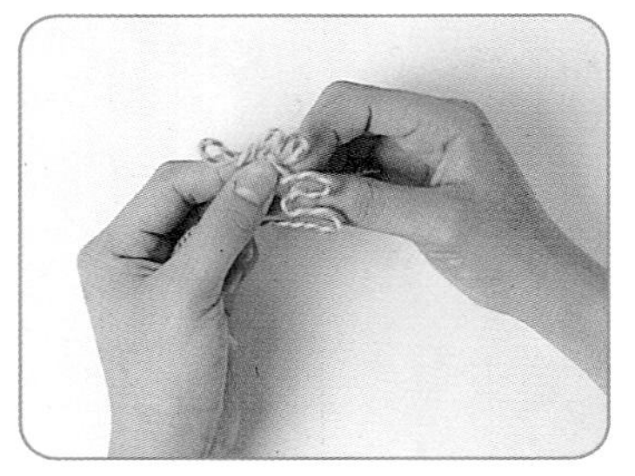

4 由於穿了鐵絲的毛線有硬度及可塑性，再將其彎曲成花的型狀，完成。

燈

心動在於來電時，燈照亮的程度。

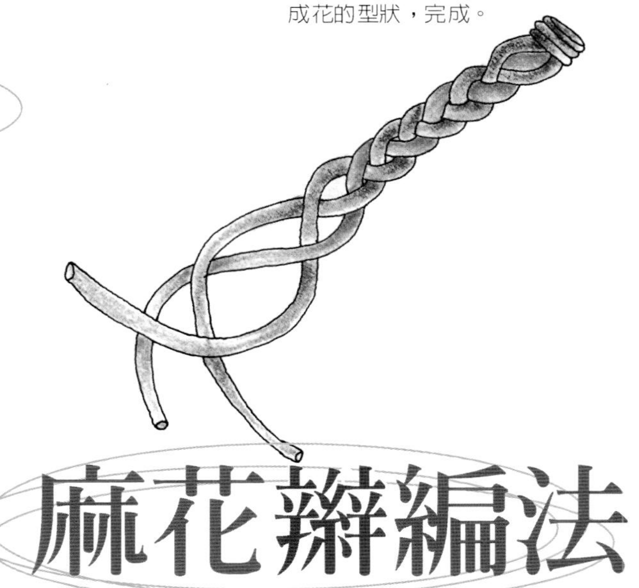

麻花辮編法

尋問

螺旋狀的造型，紅色的線條，就有如尋問時，答案的指標。

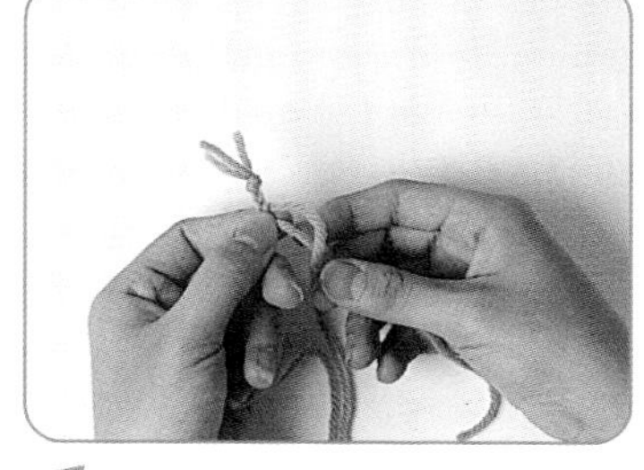

1 剪三段毛線後用麻花辮的編法編製。

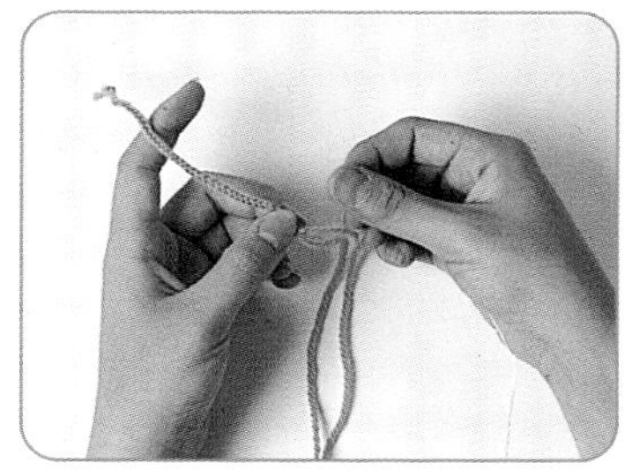

2 取一細鐵絲穿於編好的麻花辮內。

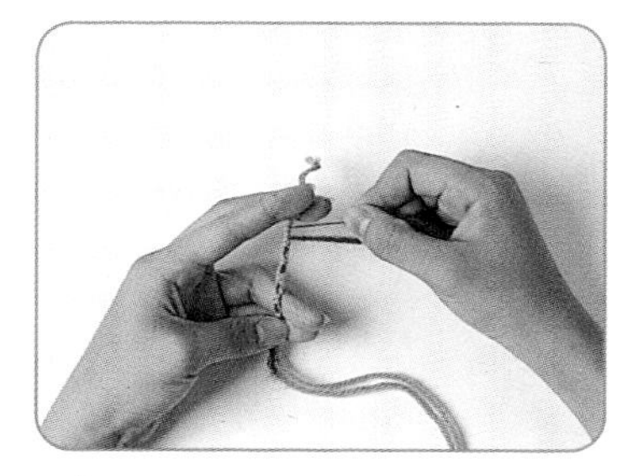

3 如下圖示再穿入另一色彩毛線增加變化。

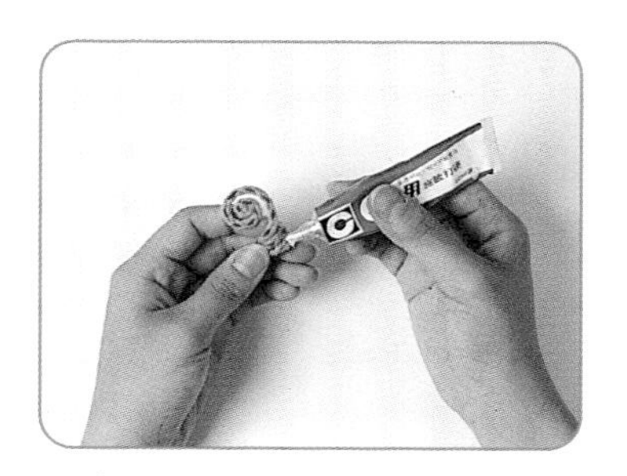

4 再捲成如照片上的型狀後取相片膠固定即可。

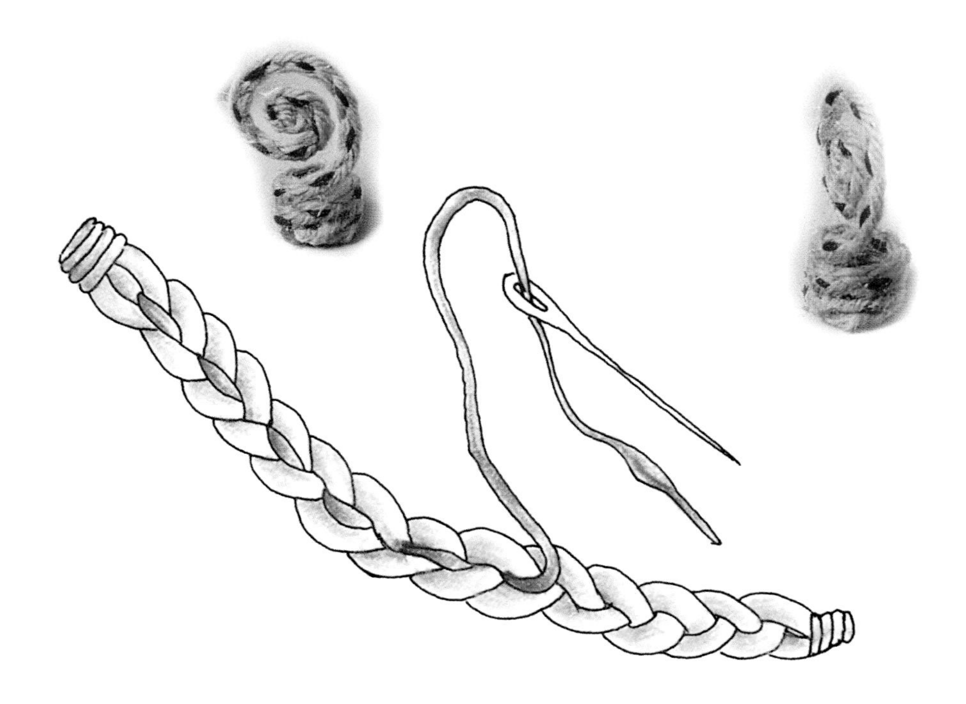

天線坐熊

可愛又頑皮的小熊，偷偷的爬上手機天線，眺望著四周的人潮。

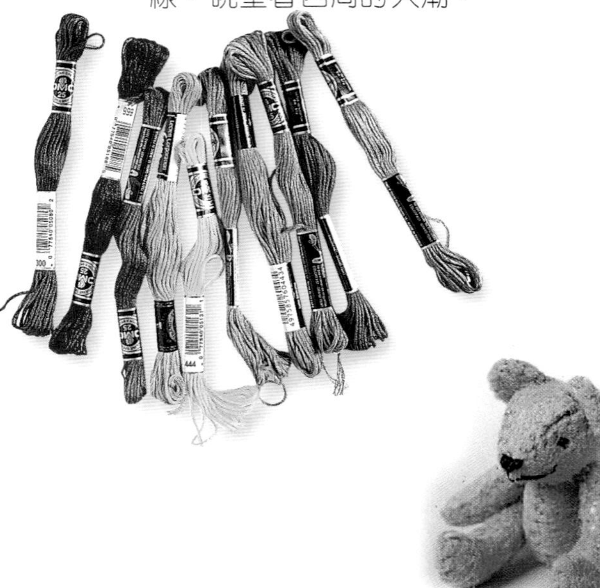

1 將熊頭、四肢、翅膀縫好，並塞入棉花。

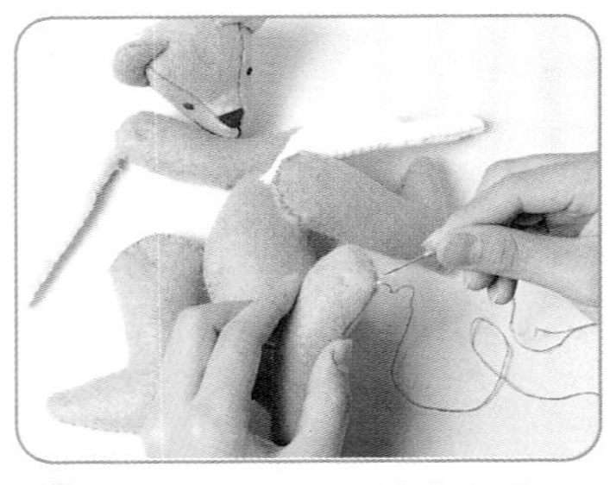

2 各個部位一一縫合完成。

3 如此各部位即完成。

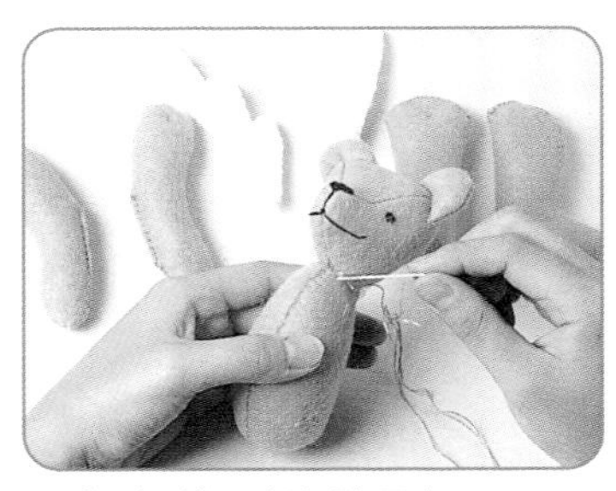

4 先將頭與身體固定。

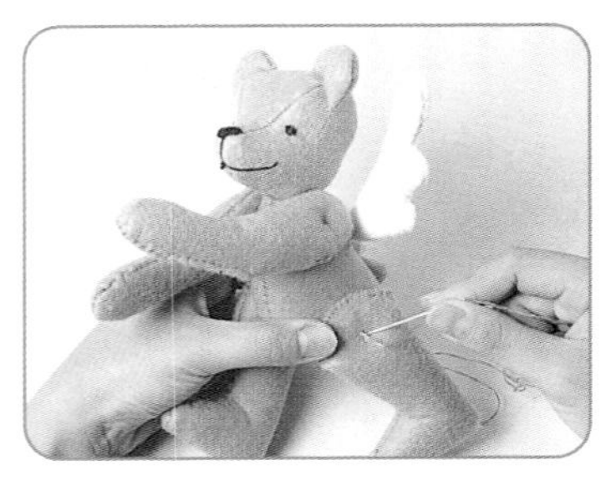

5 當全部組合後，一隻可愛的愛神丘比熊即製作完成。

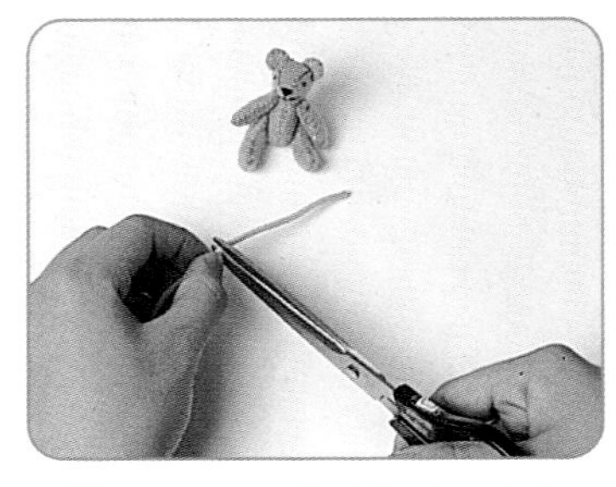

6 取一綁頭髮的橡皮圈剪下可圍手機天線二圈的長度。

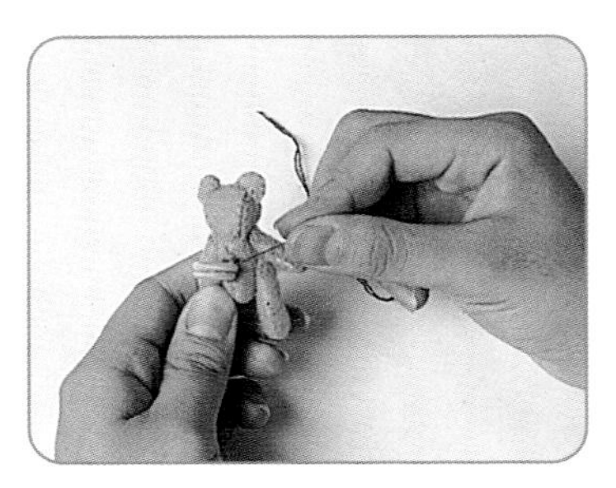

7 將其繞二圈後縫固定於小熊背後，完成。

頭的步驟

1 將型一一剪下，然後將熊頭縫合。

2 將另一塊熊頭型板，從鼻尖處開始向兩邊縫合。

3 縫好後，翻面並塞入棉花。

4 將耳朵縫好，並塞入棉花縫合。

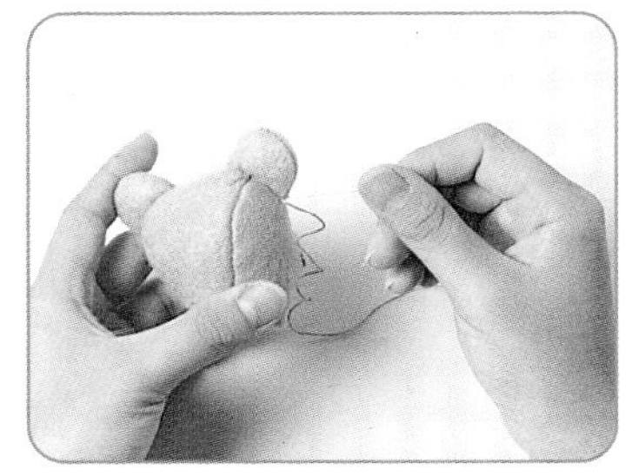

5 把耳朵與熊頭縫合固定。

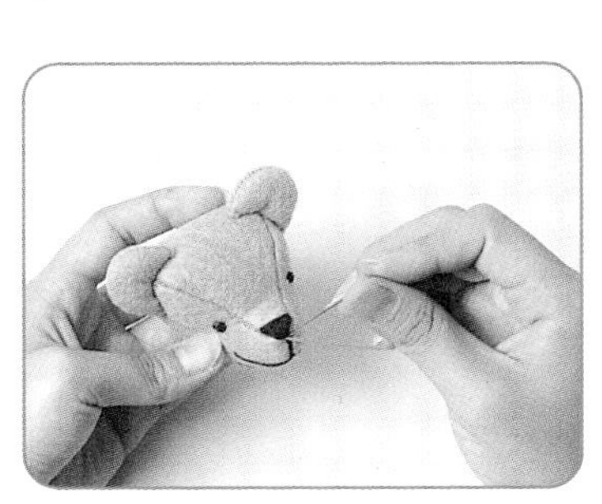

6 於熊頭繡上五官後即完成。

坐熊型板

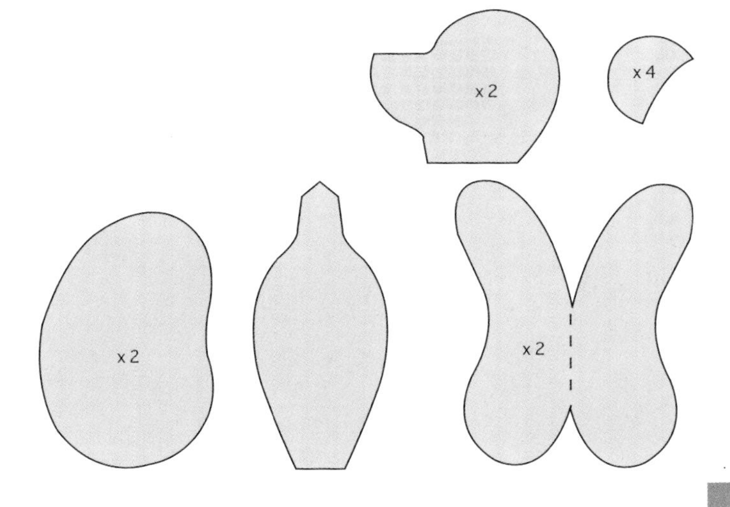

心　椅

鐵絲、鋁片的組合，如此的天衣無縫，心型的椅子造型，有如彼此相倚偎。

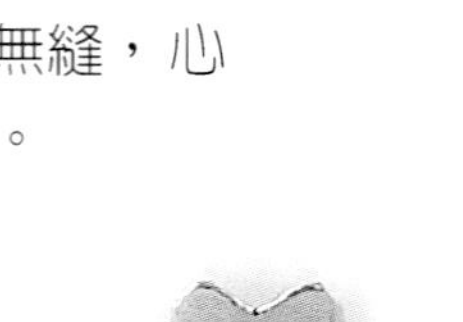

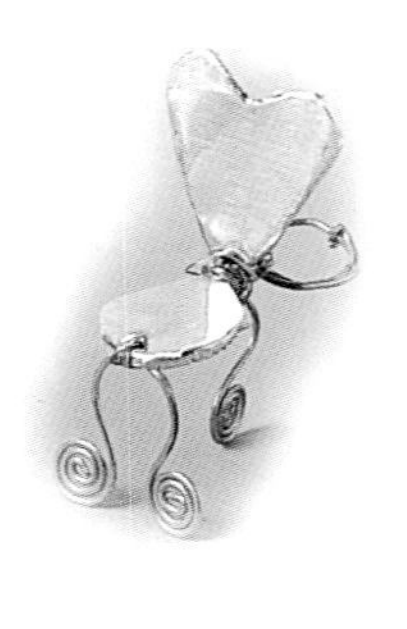

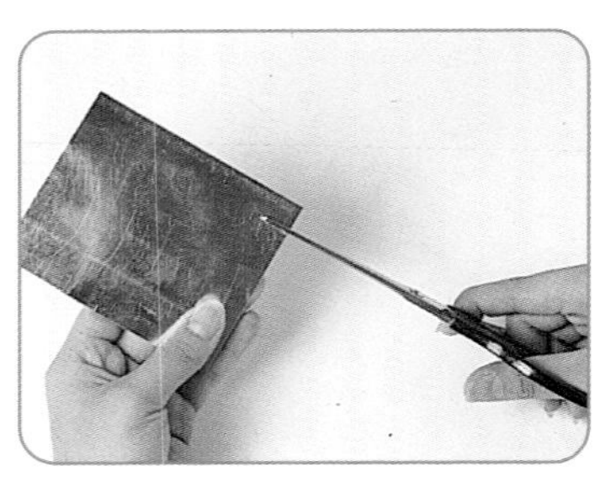

1 取一鋁片剪下椅面及椅背。

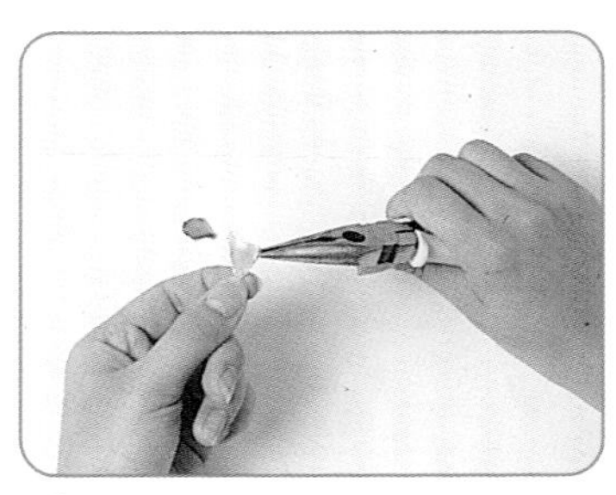

2 再將其用老虎鉗四週夾彎（如此才不會割傷手機）。

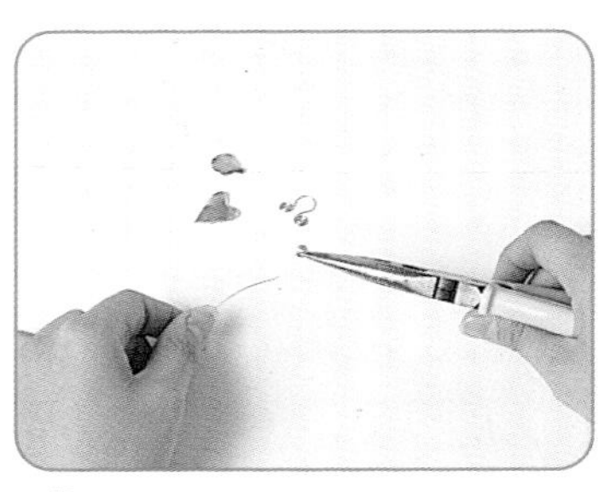

3 取一鐵絲捲成椅腳。

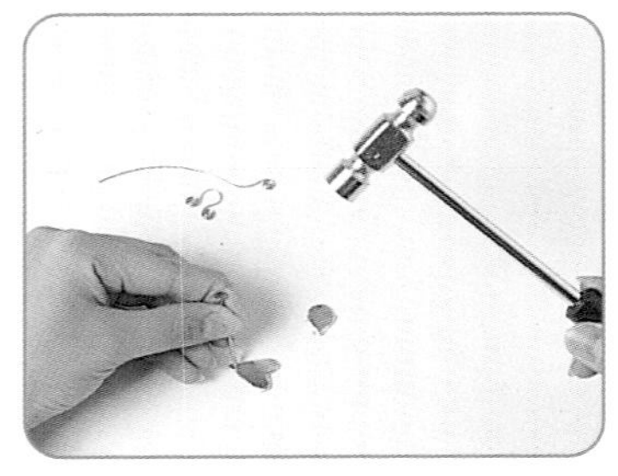

4 將處理如的椅背、椅面各打一個洞。

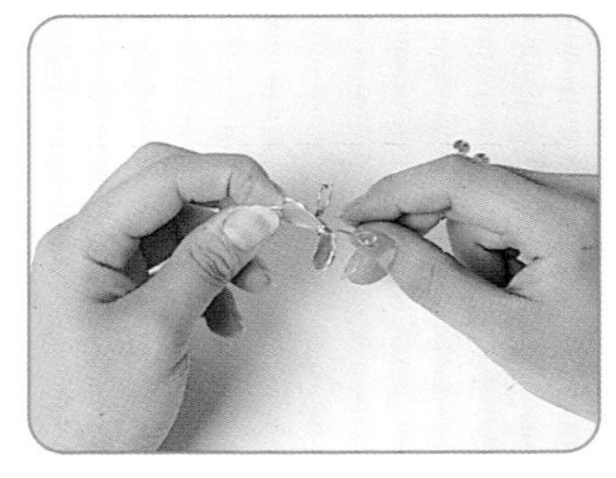

5 鐵絲彎成手機天線寬度，再取細鐵絲穿過打好的孔固定。

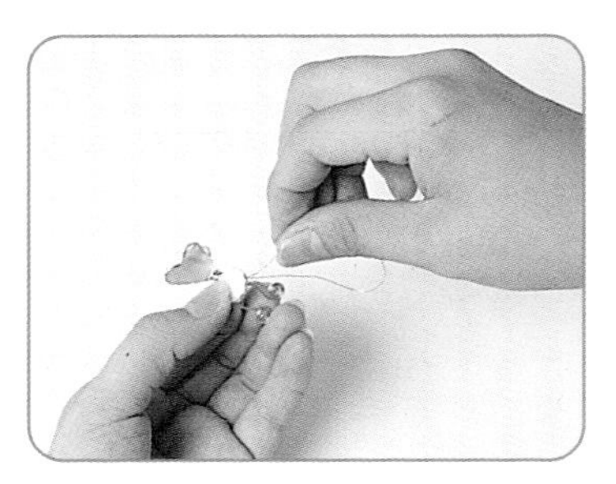

6 再將前面椅腳固定好，完成。

牛仔皮帶

替自己的手機繫上炫又酷的皮帶吧！

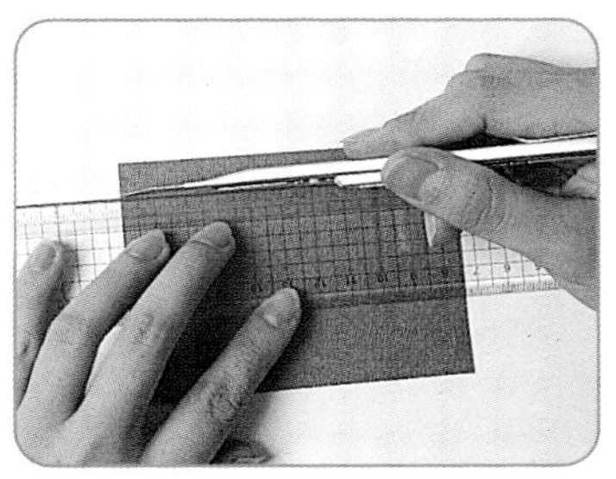

1 取一仿牛仔布紋的美術紙裁成皮帶的型。

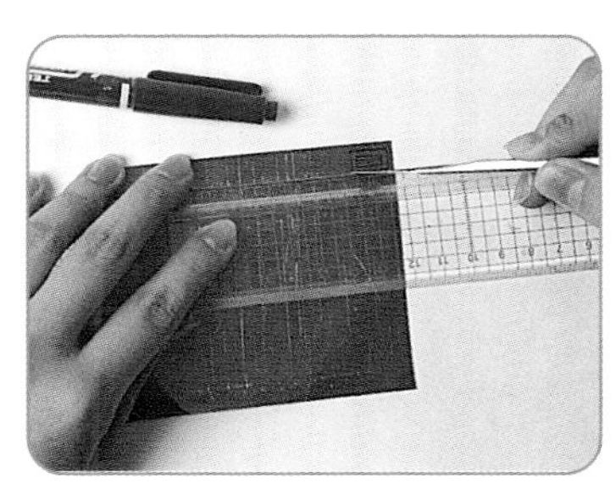

2 再取鋁片裁下皮帶扣環的型。

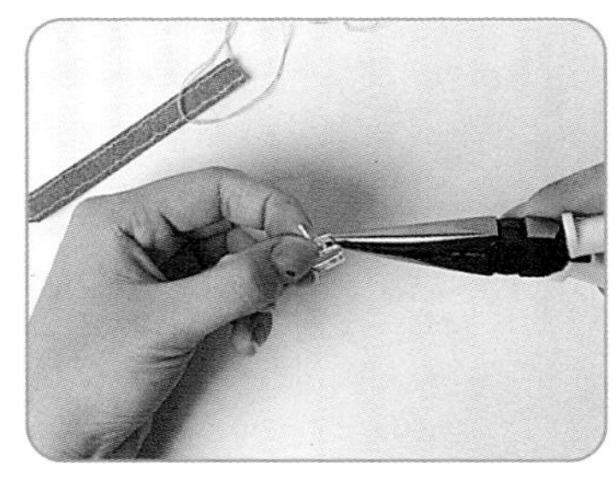

3 取繡線將皮帶縫製好。

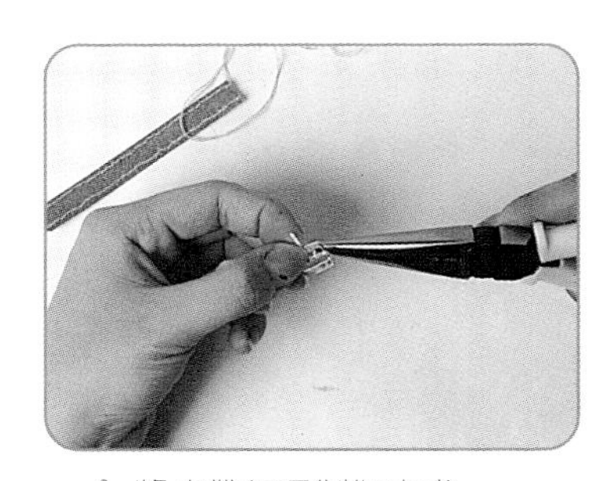

4 將皮帶扣環製作完成。

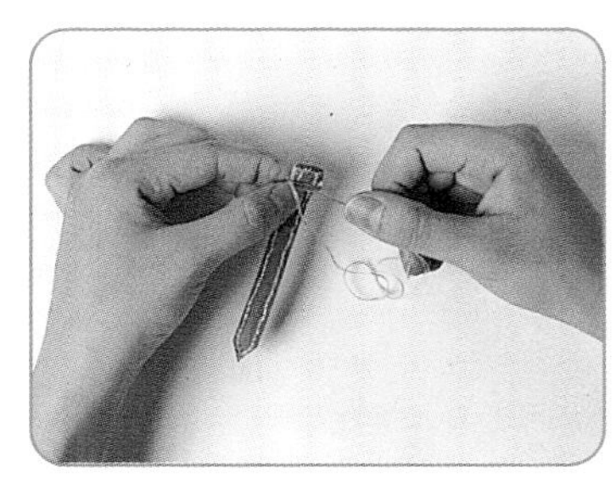

5 把皮帶及扣環縫於一起。

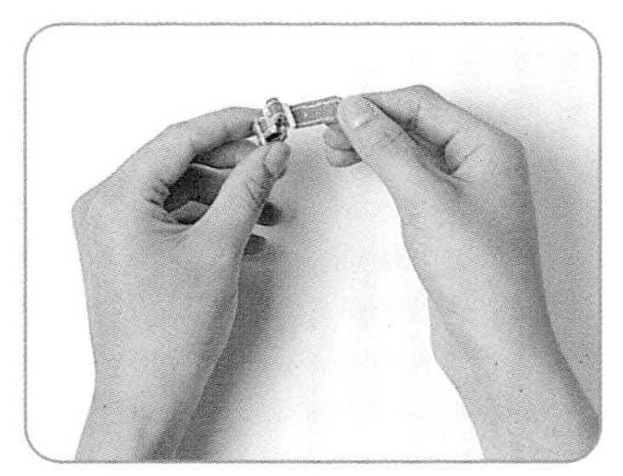

6 打幾個洞後，圈起即可穿於天線上。

藍天心

炫耀的螢光藍，搭配著雙翼，猶如在天空飛翔。

1 取鐵絲彎成手機天線的寬度。

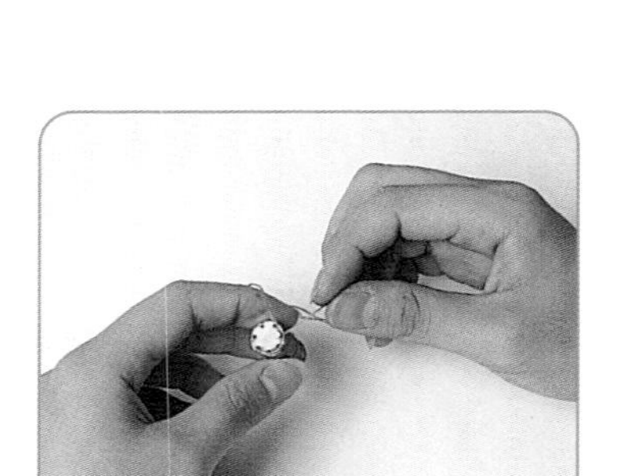

2 取一鋁片並打洞後縫固於鐵絲上。

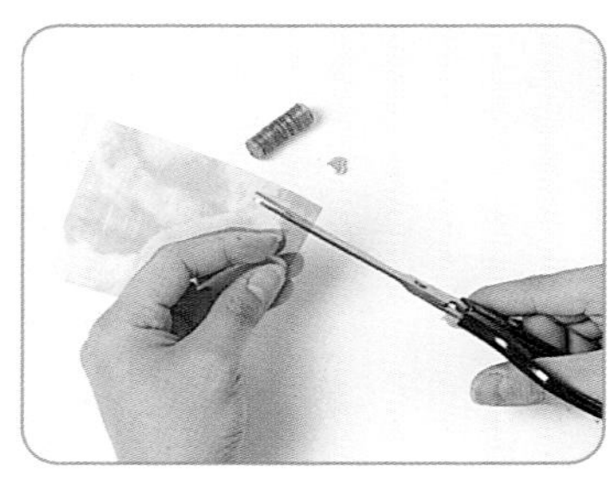

3 剪天使翅膀形狀的塑膠布。

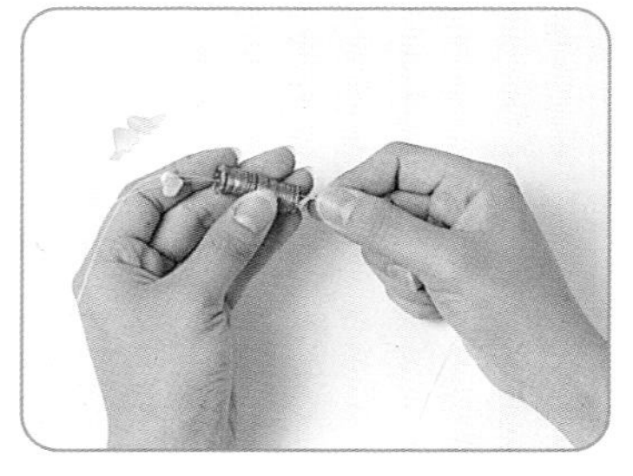

4 取魚線將心型的珠珠及天使翅膀固定於主體上，即完成。

椅

鋁製的椅子，裝飾在天線上，別有一番風味。

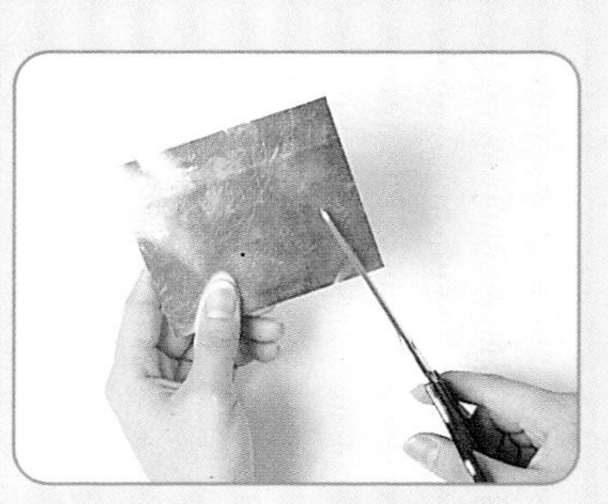

1 取鋁片剪下椅子的型板。

蝴蝶

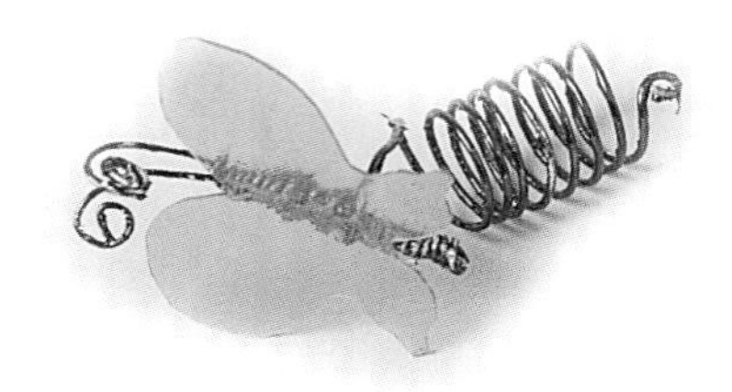

猶如採蜜的蝶兒，憩息於花朵上。

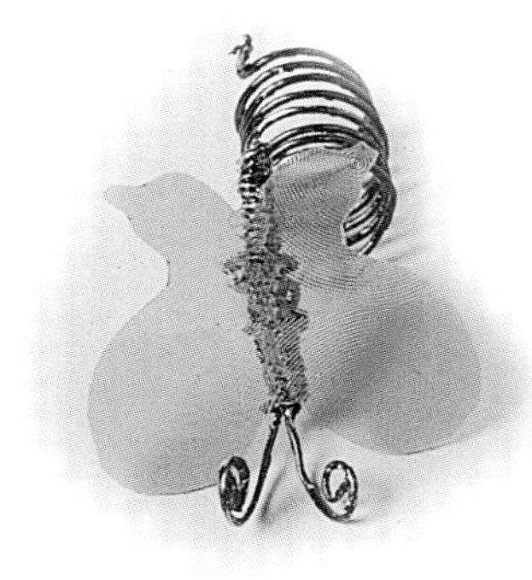

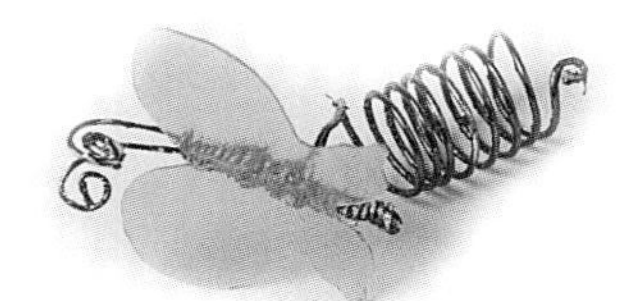

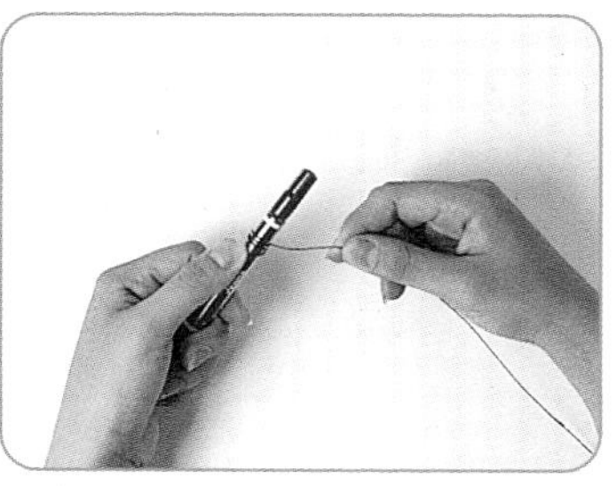

1 取鐵絲彎成手機天線的寬度。

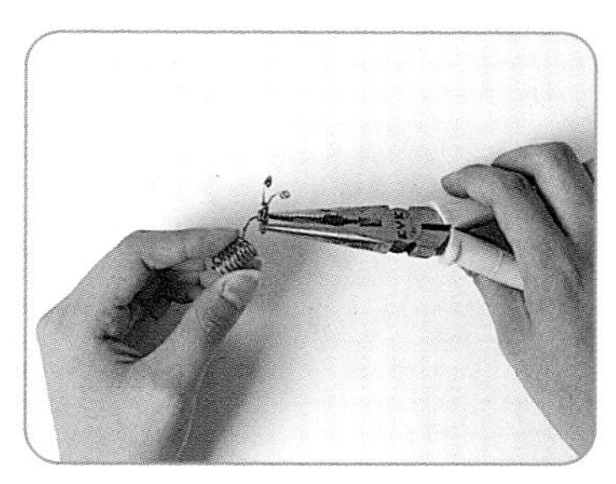

2 並於彎好的鐵絲頂端捲製成蝴蝶的身體型狀。

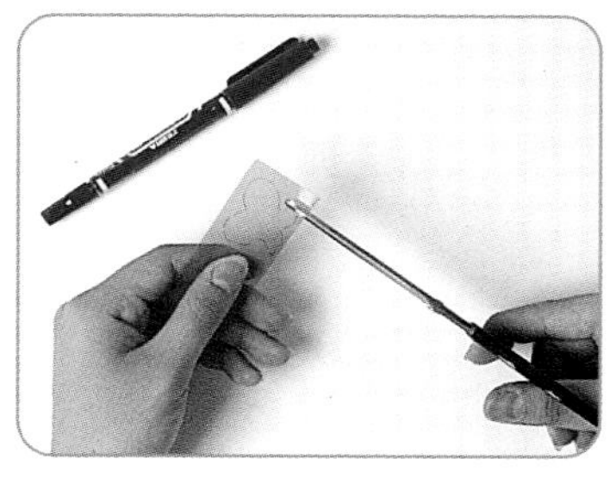

3 再取一塑膠布剪下蝴蝶翅膀。

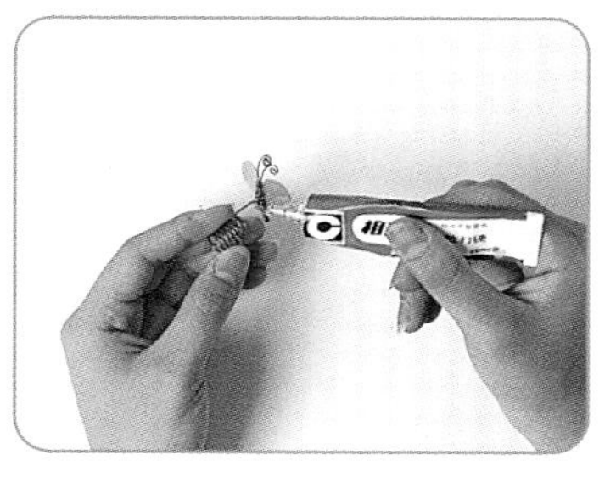

4 將其黏貼於主體上，完成。

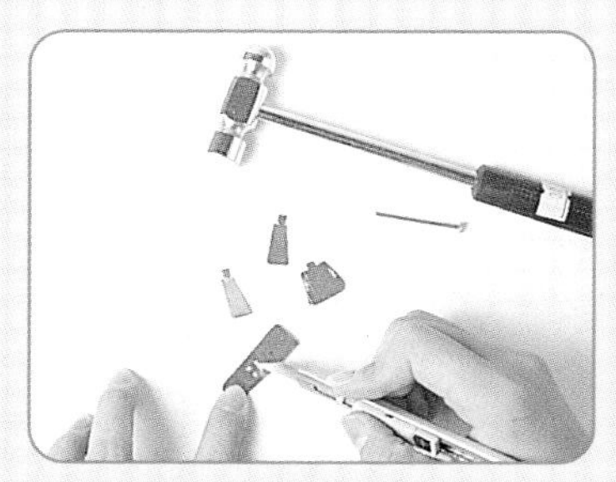

2 將剪下的型板割洞及打孔。

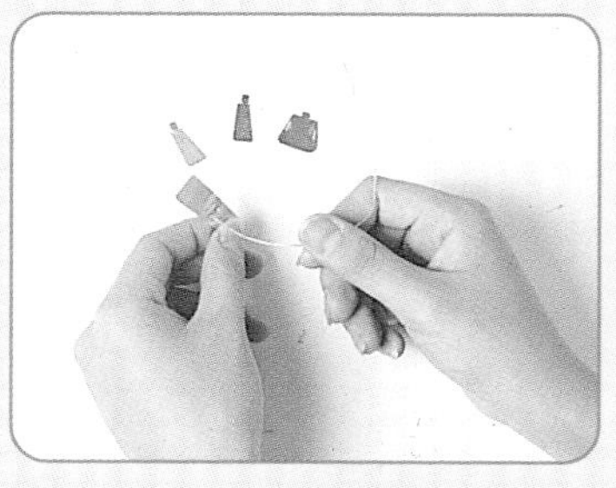

3 取鐵絲穿過打好的洞後捲成手機天線的寬度後固定。

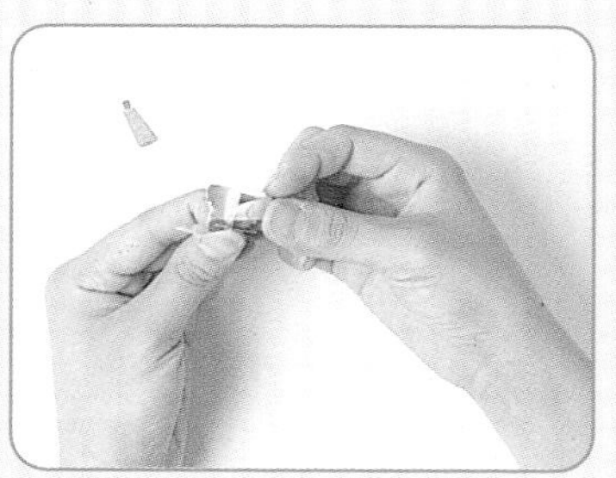

4 將其它一一如拼圖般組合起來，黏上不織布的椅墊，完成。

DIY物語

機·械·主·義
造型手機袋系列
PART Ⅲ

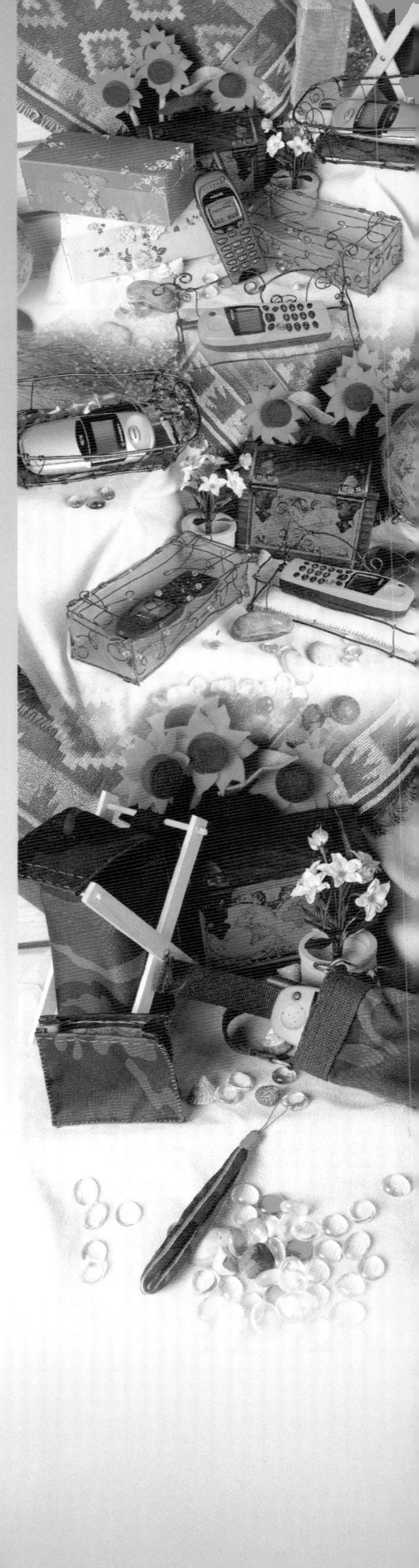

SOPHIA

造型手機袋

PART 3

邁入人手一機時代，
擁有手機是平凡事，替自己手機穿上衣，
動動腦、動動手，
讓它有被受重視感。

NOKIA
cd928

毛線手織袋

用毛線一針一針的編織，編織成美麗的毛線手機袋，感受一下慈母手中線的辛勞。

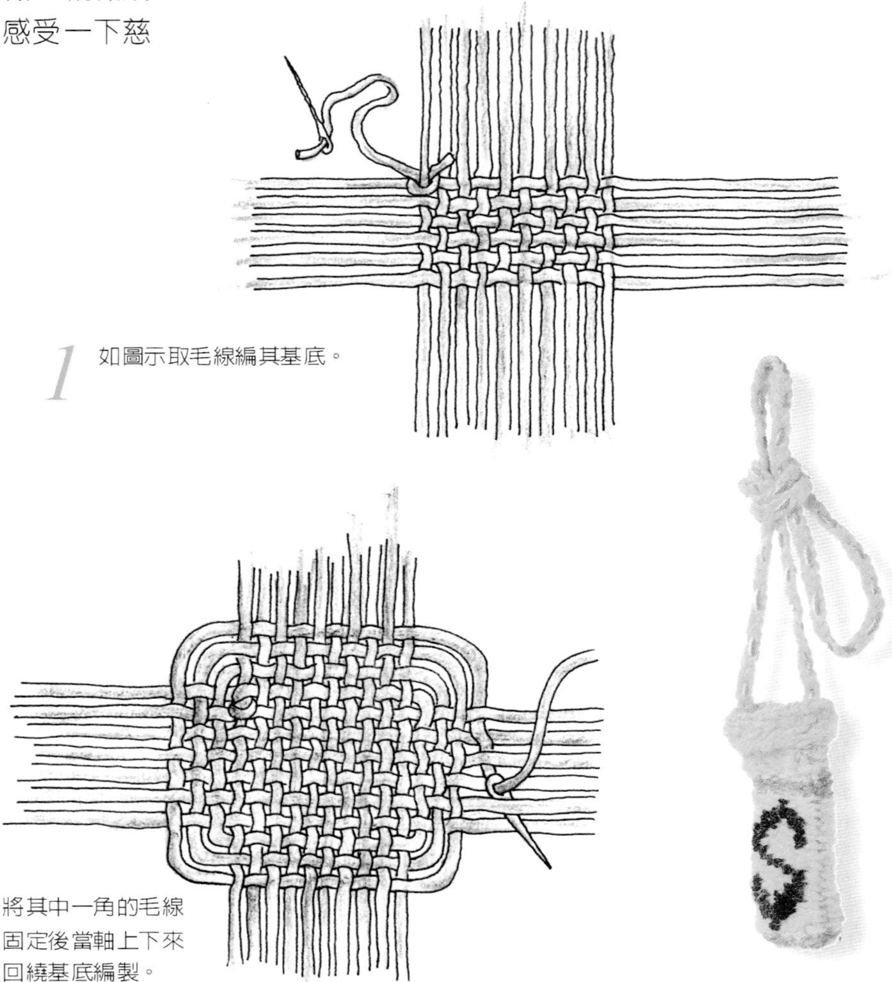

1 如圖示取毛線編其基底。

2 將其中一角的毛線固定後當軸上下來回繞基底編製。

3 如此即可編成袋子的型。

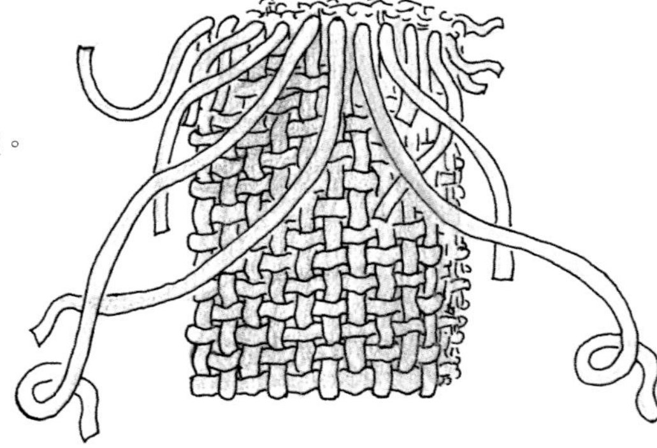

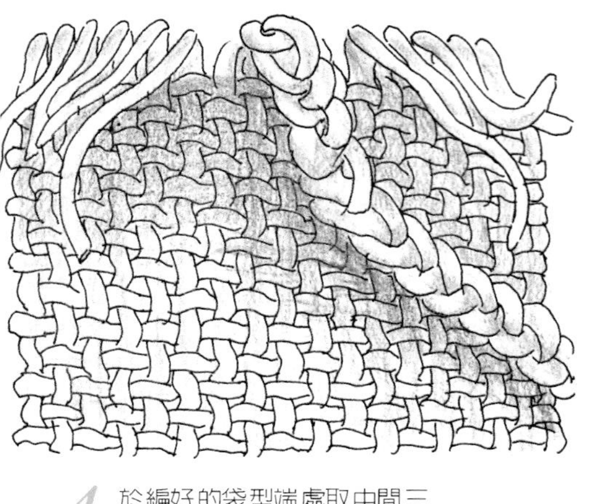

4 於編好的袋型端處取中間三條毛線，再用麻花辮的編法，編製做為結尾的主線。

5 再另取三條毛線於前面編製並穿入珠珠做為扣子。

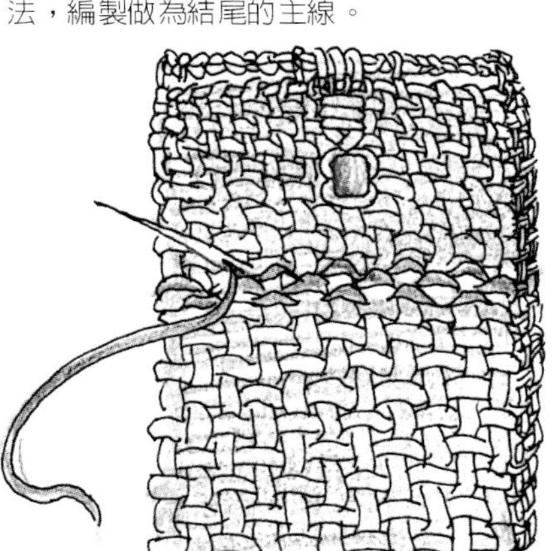

6 取其它色彩的毛線，由適當的位置穿入做為裝飾。

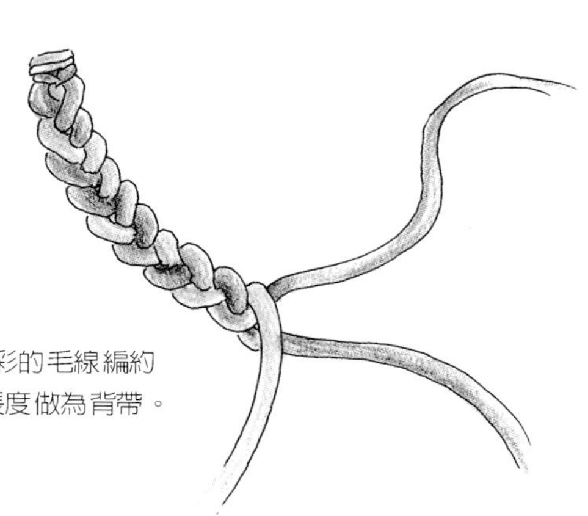

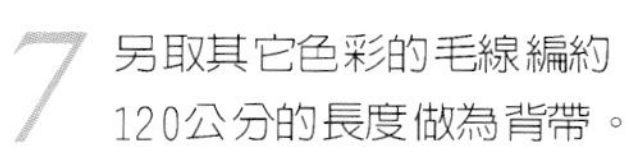

7 另取其它色彩的毛線編約120公分的長度做為背帶。

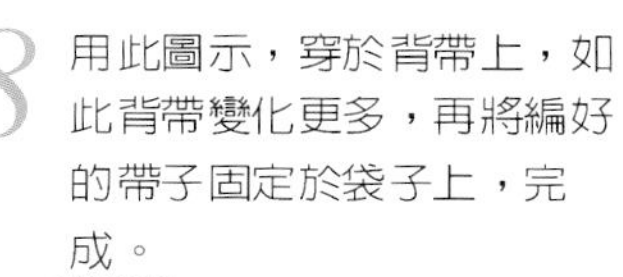

8 用此圖示，穿於背帶上，如此背帶變化更多，再將編好的帶子固定於袋子上，完成。

陽 光

利用毛線編織，黃色有陽光般，閃耀動人
再繡上S，表示Sunnny。

1 取毛線二條當一條，如圖示編製底部，再如前頁方式編製主體。

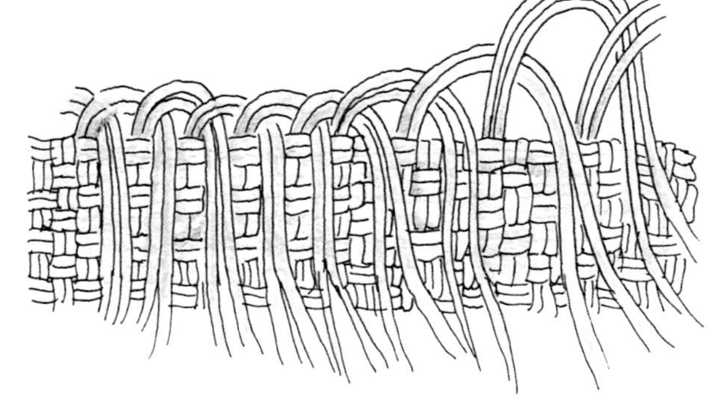

2 編好後如圖示結尾做第一次收編。

3 再如圖示做二次收編後，將剩餘的毛線穿於袋子的主體上隱藏收線。

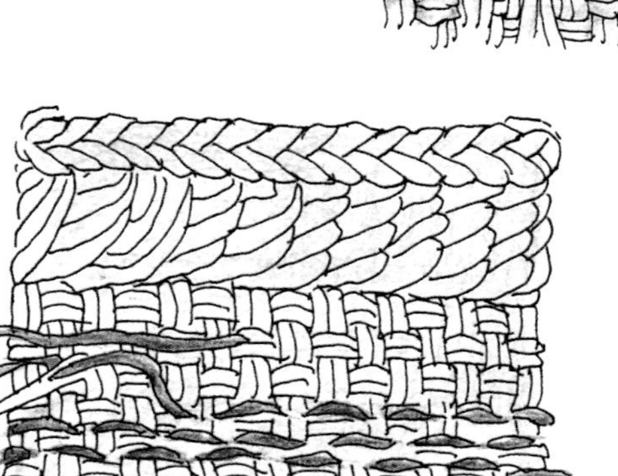

4 再取另色彩的毛線編上文字或圖案，將背帶縫上，如此即完成。

直覺對此Call機包，有份很濃厚的情感，取個“卡魯”的名字，只因認為它很恰當。

1 取一米色麻布，剪下適當尺寸縫成袋子。

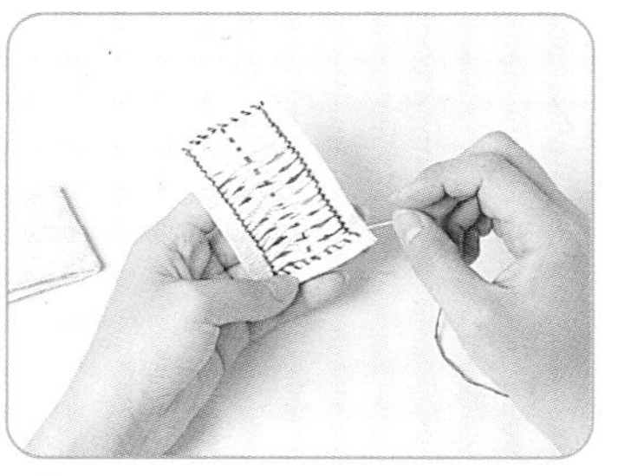

2 再取一塊布編製圖案做袋子外表〈圖案作法見P51〉

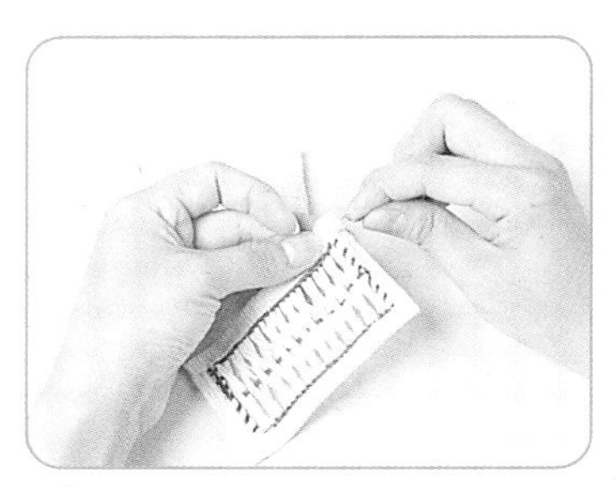

3 將前面袋蓋邊縫製好。

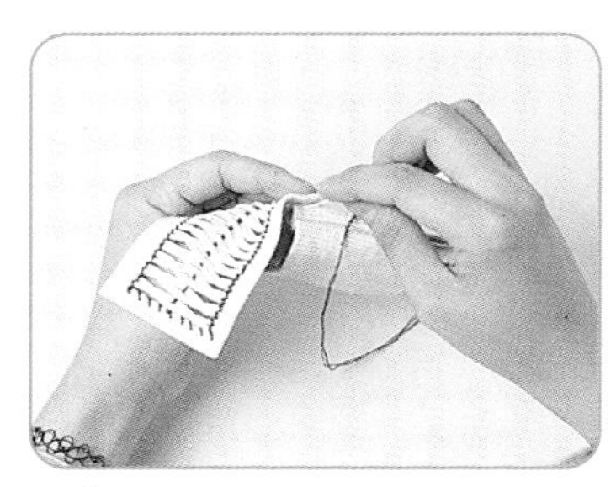

4 將袋蓋與袋子縫合。

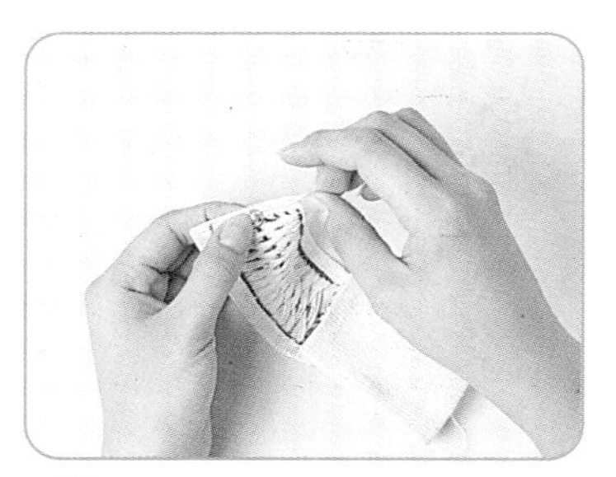

5 於袋子上縫上暗扣。

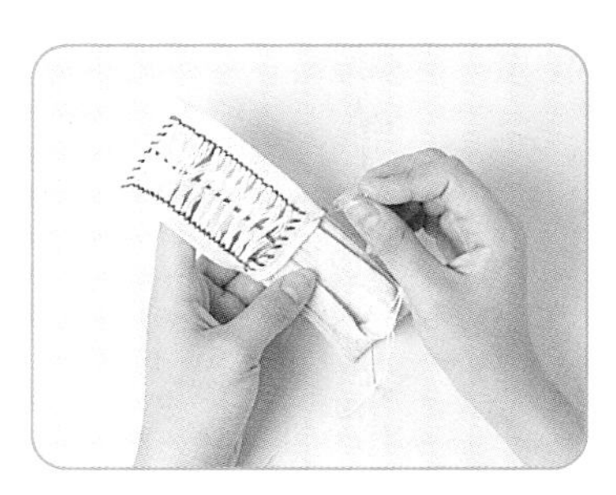

6 背面縫上帶子。

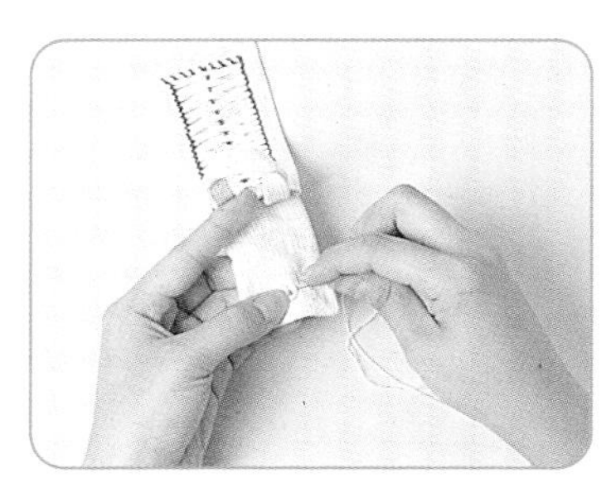

7 再縫上暗扣，如此可自由扣於腰間拆取方便。

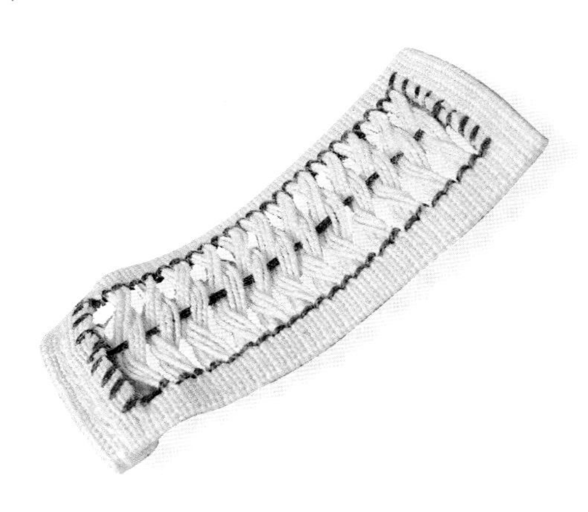

原　始

平凡、不起眼的麻布，添上十字繡的鏤空編織，再加點原色的搭配，即充滿濃厚原始風。

1 取麻布裁下適當尺寸。

2 將袋子縫合並包邊〈因麻布的縫易虛〉。

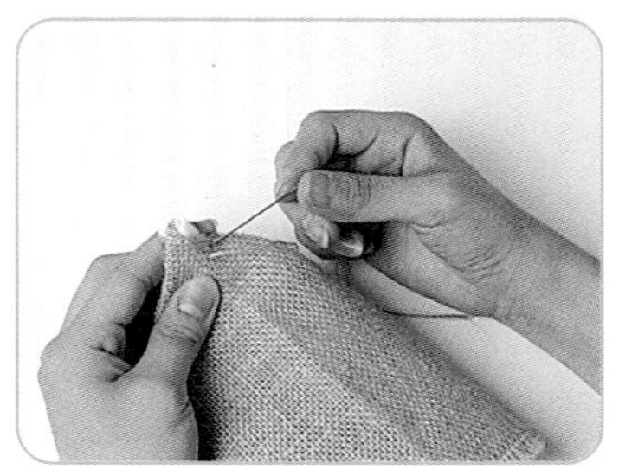

3 將二邊的角壓住後，縫成三角形。

4 縫好後翻面。

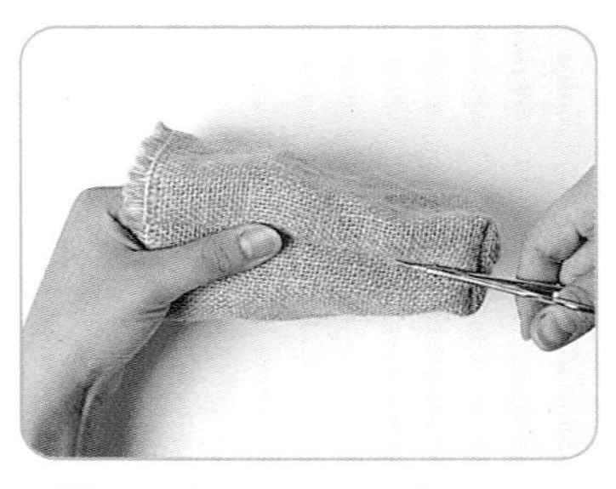

5 於適當位置剪一寬度。

一袋二用

如此的手機袋製作，亦可當作外出背包，既美觀又大方。

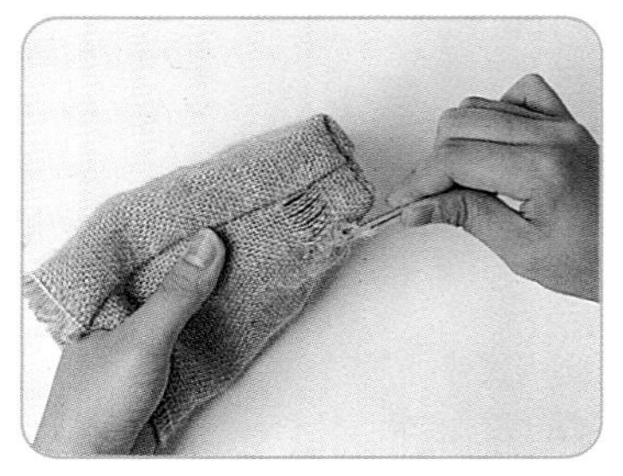

6 將橫軸的麻線一一抽出。

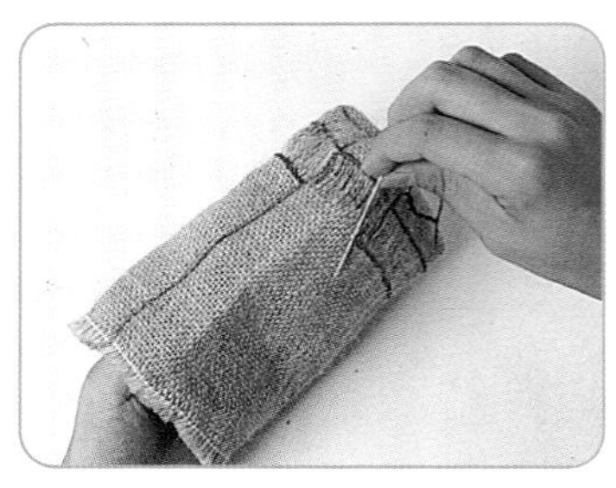

7 將邊固定。

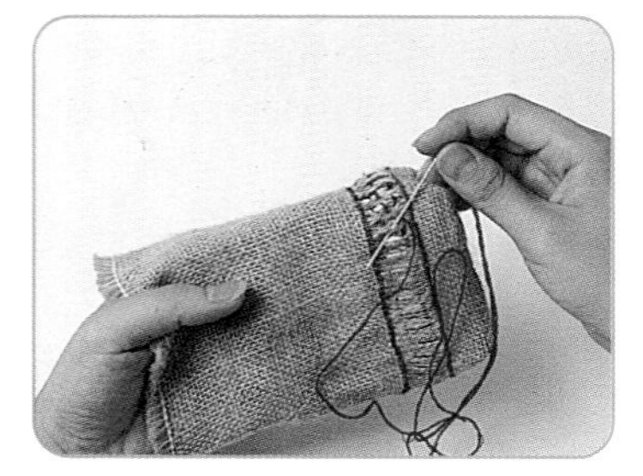

8 穿入另一色彩做搭配。

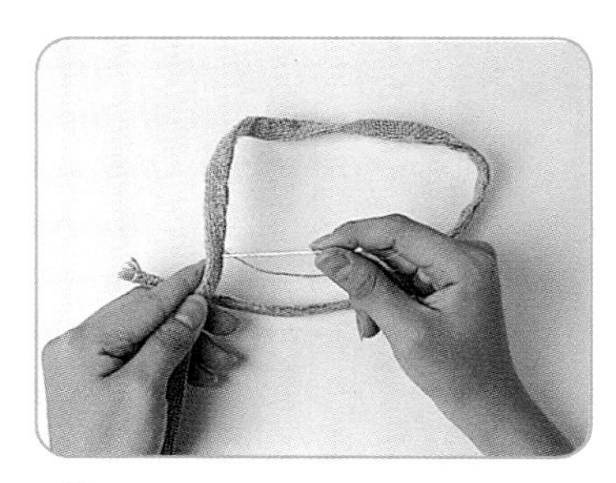

9 縫製一背帶。

10 將背袋與袋子縫合。

鏤空編法

簡單的鏤空設計，使背袋多樣變化。

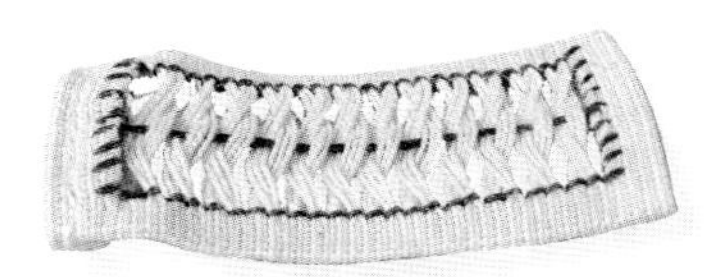

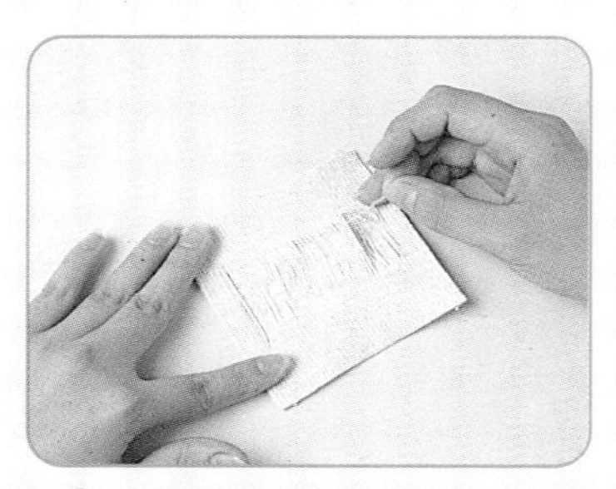

1 取一麻織布於左右兩端各剪一長條後，再將橫軸的線一一抽出。

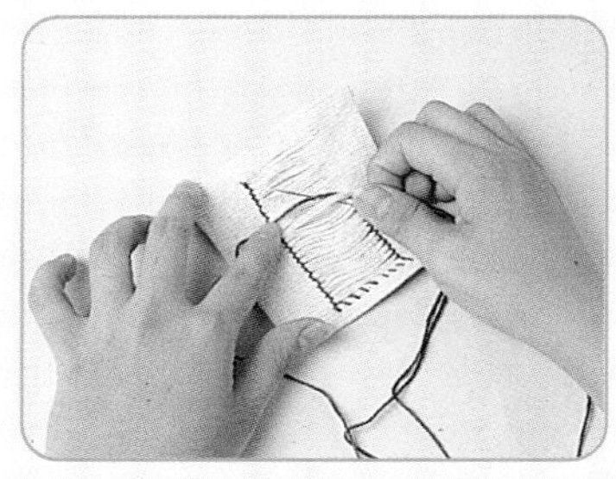

2 繡線用打結法，將邊固定，以免脫線亦可當做裝飾邊線之用。

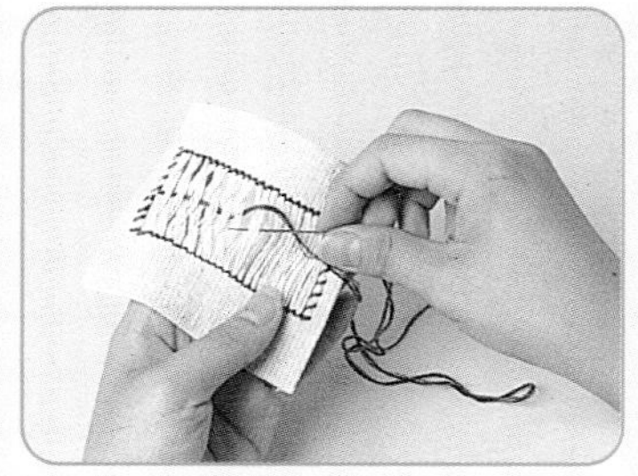

3 中間再取另一繡線，間格一條軸回縫。

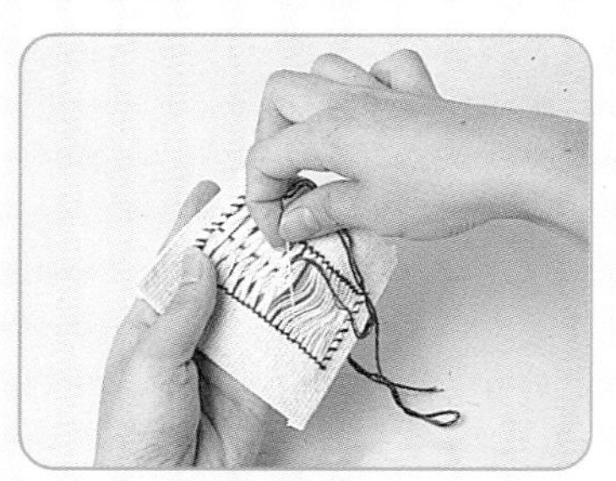

4 將針回縫後即可形成交錯，使鏤空多一份特色。

秀！繡！

將自己的英文名字繡於手機袋上，當帶它出門時，秀給大家看，這是自己的巧藝。

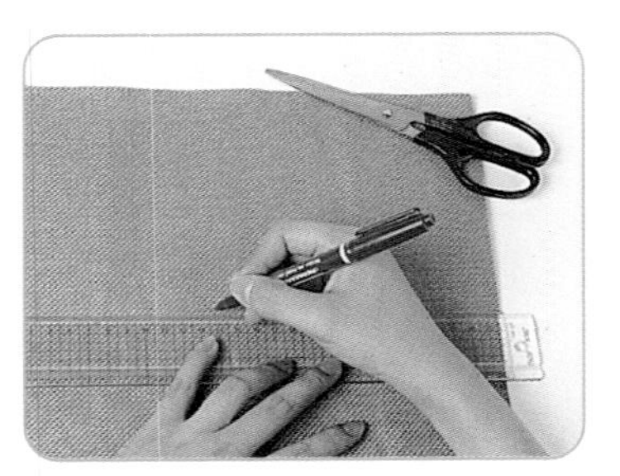

1 取一格子布裁下適當尺寸。

2 量好的尺寸處，繡上自己的英文文字〈如54頁繡之前先構圖〉

3 將二角縫分，使其袋底外型完成。

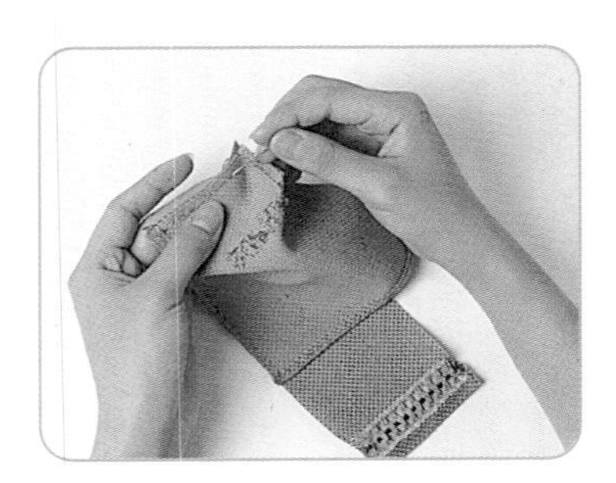

4 再取另一格子布，一端製作鏤空設計，另一端與袋面縫合。

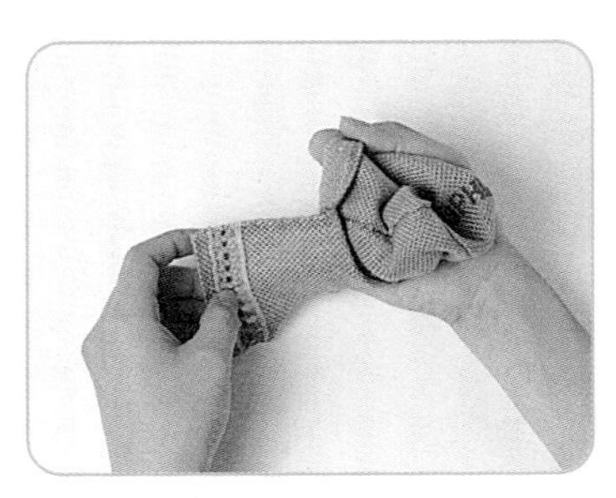

5 縫好後翻面，即形成袋子形狀。

秀！繡！

將其製作成Call機另有一番風味。

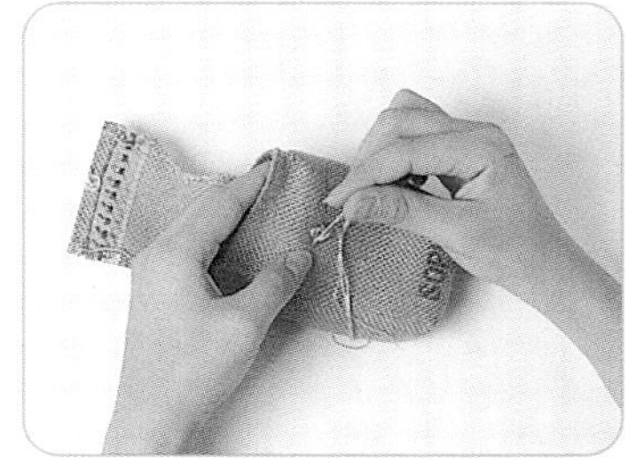

6 再於適當位置縫上暗扣。

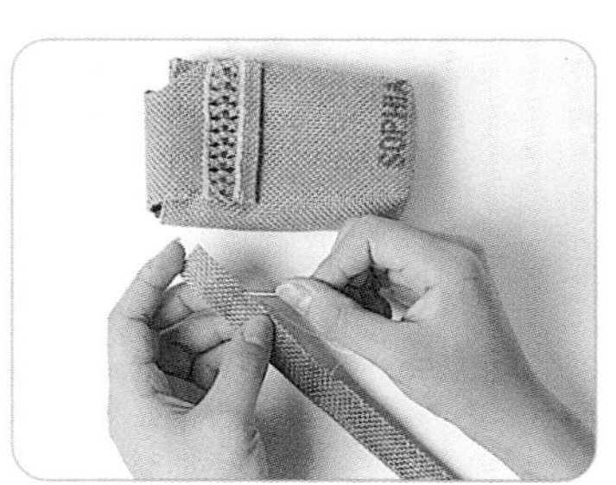

7 另取格子布縫製成一長條。

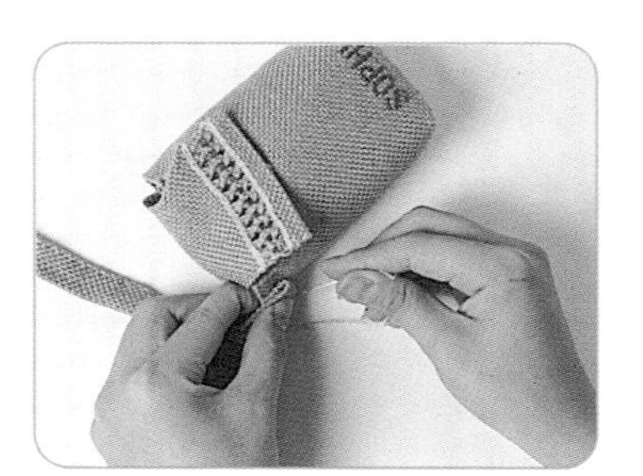

8 將縫好的長條和袋子固定，如此手提式手機袋即完成。

於手機袋上用十字繡的技法，將英文名字繡上。

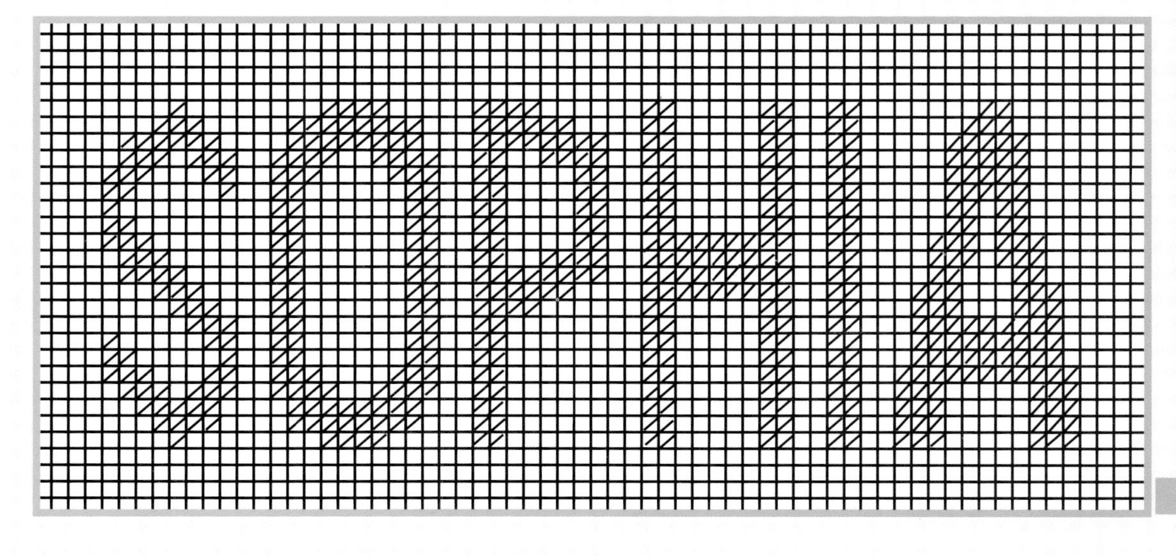

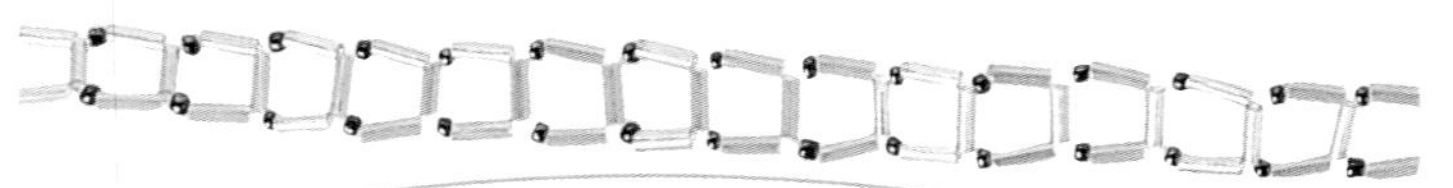

那魯灣之鍊

珠珠晶瑩剔透，串成格子鍊狀，塑膠布透明無瑕，縫成的袋子，有如那魯灣之戀的浪漫。

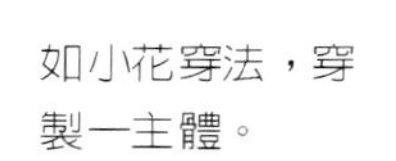

1 如小花穿法，穿製一主體。

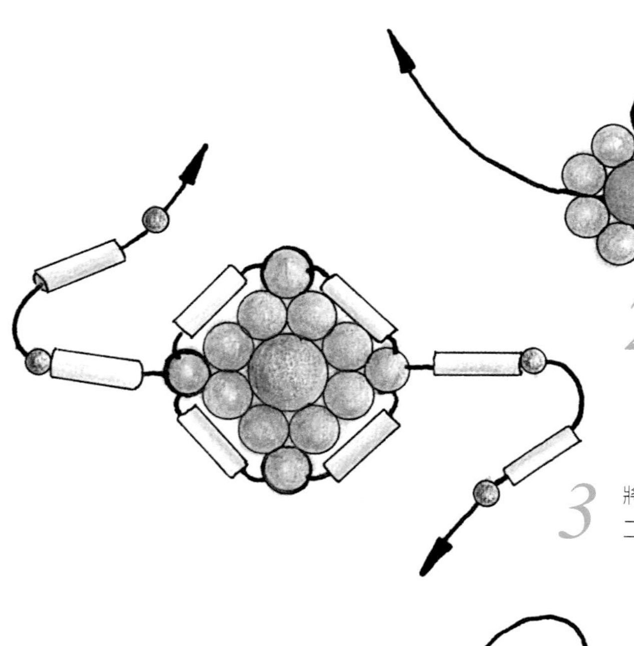

2 穿好的小花於二顆珠珠回穿，如圖示。

3 將其串成菱形狀，再於左右二端穿入珠珠。

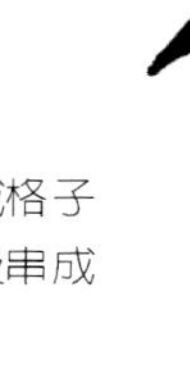

4 如圖示穿入珠珠，製成格子狀，做為袋子主體，及串成格子背帶。

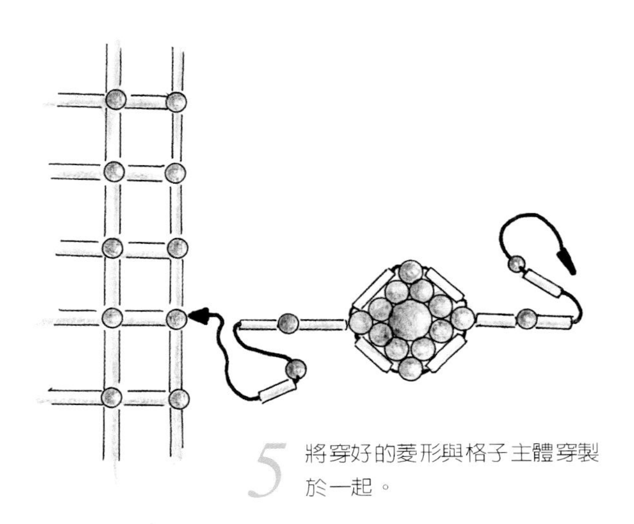

5 將穿好的菱形與格子主體穿製於一起。

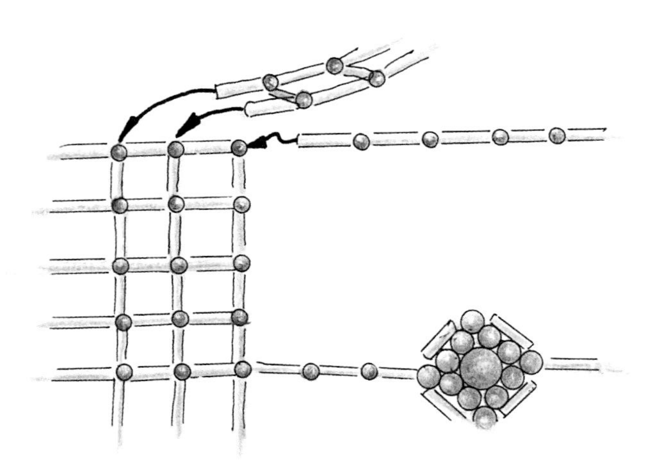

6 將背帶及袋子頂端結合，固定於一起後與塑膠布袋子縫合即可。

基本袋子縫製

用塑膠布縫製一袋子，襯於珠珠手機袋內部，使手機置入有多一層保護，亦可增加手機袋的美觀。

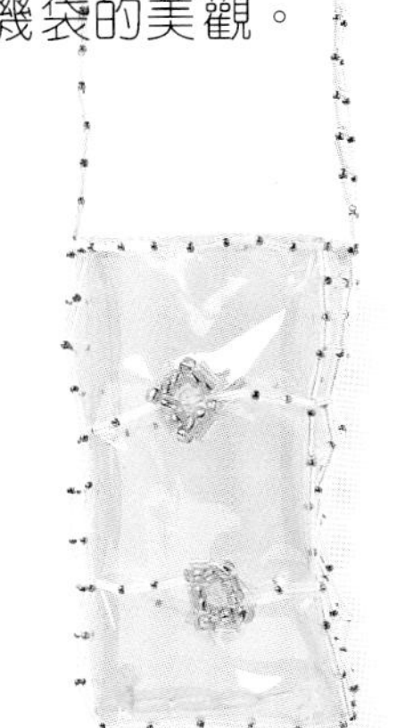

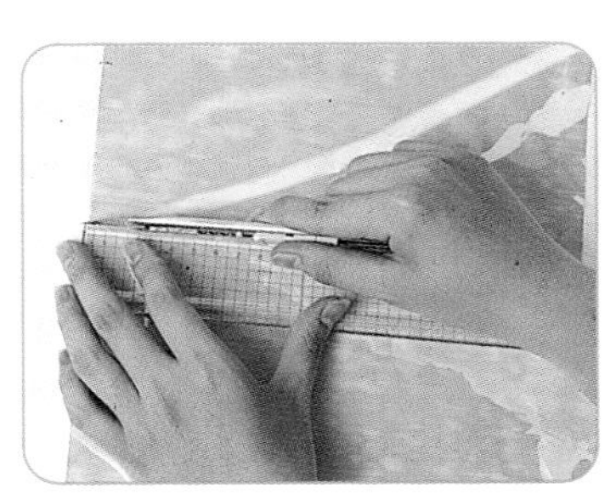

1 取一塑膠布裁下袋子的型。

2 將裁好的塑膠布一一縫合。

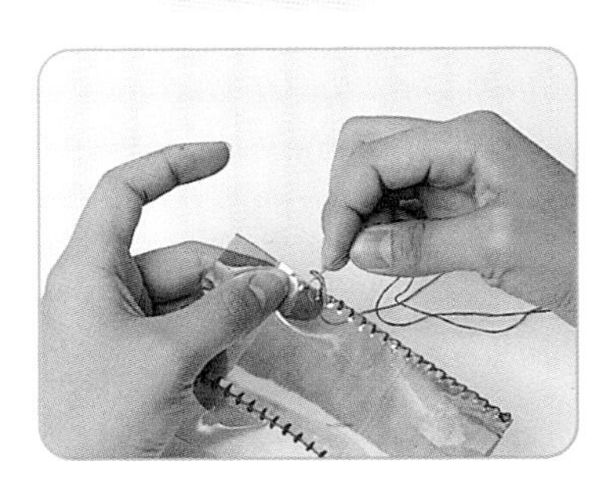

3 袋子型縫製完成。

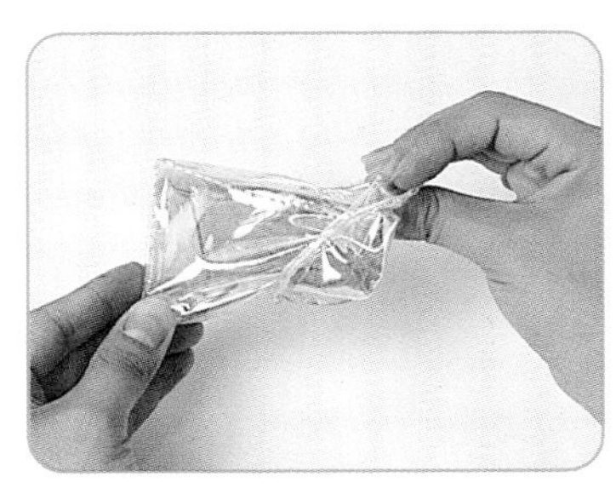

4 將縫好袋子翻面。

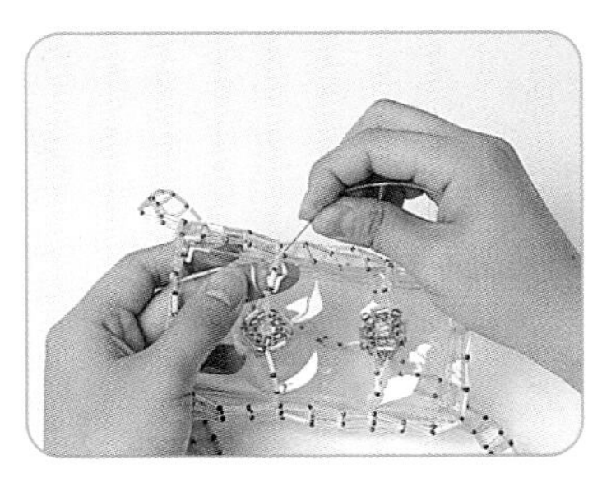

5 將穿好的珠珠袋型與塑膠布袋縫合。

娜卡西之愛

溫柔浪漫的粉，熱情如火的紅，有如娜卡西之愛，充滿著思念情懷。

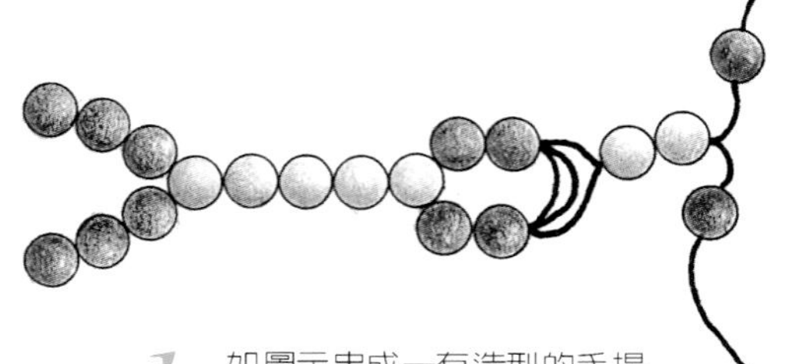

1 如圖示串成一有造型的手提帶處。

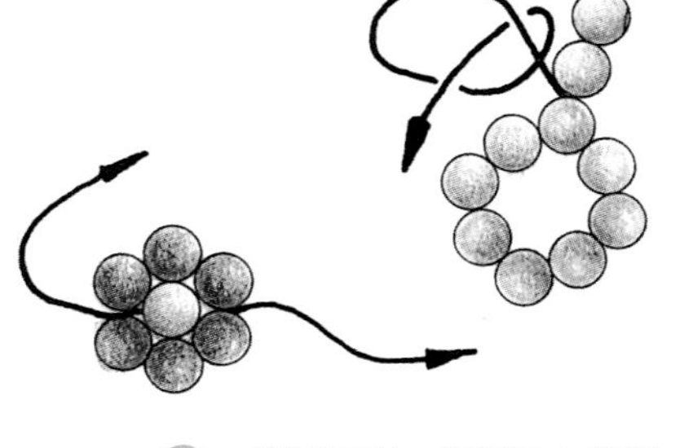

2 如圖示串一扣環及小花扣子。

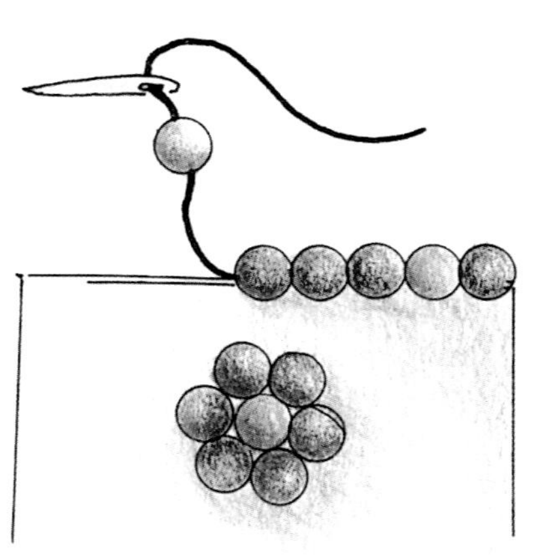

3 將小花扣子及珠珠縫上。

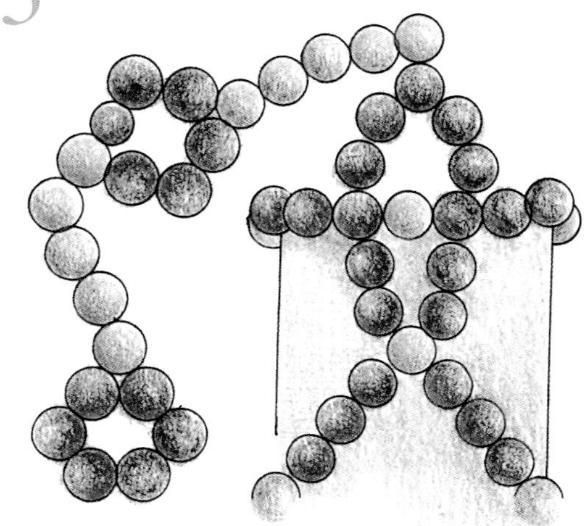

4 將手提袋處及邊條縫於塑膠布上，完成。

袋中袋

格子式的牛仔布料，搭配粉紅的塑膠布，
製成一袋中袋。

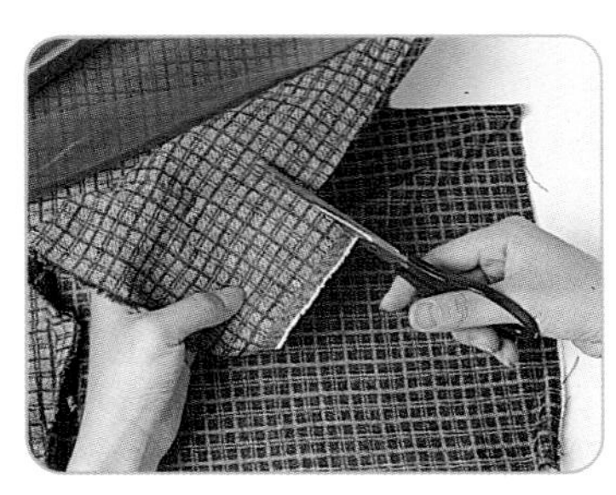

1 剪一適當尺寸的袋子型板。

2 將剪下的布縫合。

3 於縫合的二角端處壓住，並縫成三角狀。

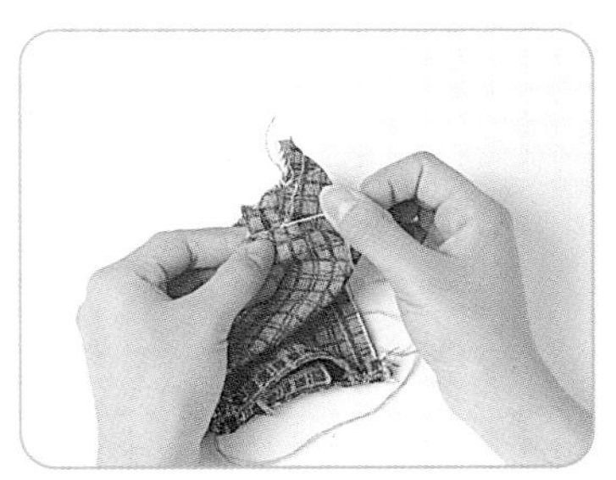

4 將袋蓋縫上。

5 於側邊與正面縫上暗扣〈側邊：連袋子縮口。正面：以免物體掉落〉。

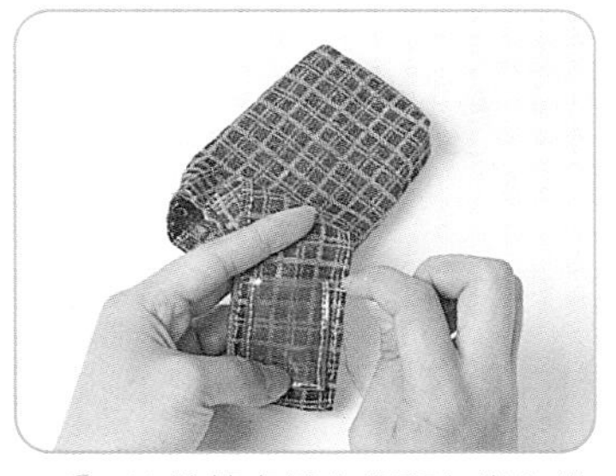

6 於袋蓋處縫上塑膠布做為裝飾用的小口袋。

7 於小口袋內放入回紋針做為裝飾。

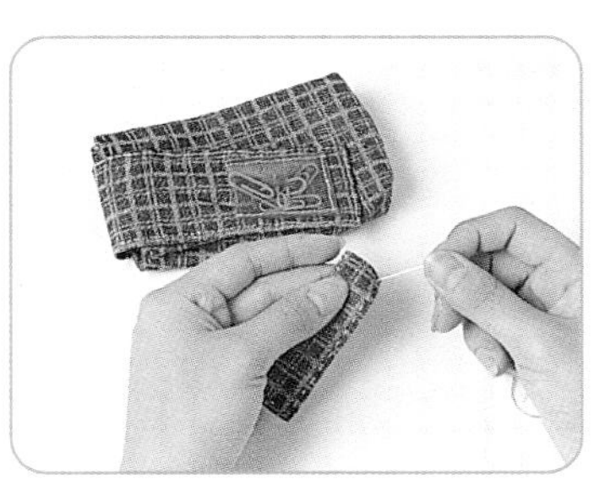

8 另縫製一手提帶。

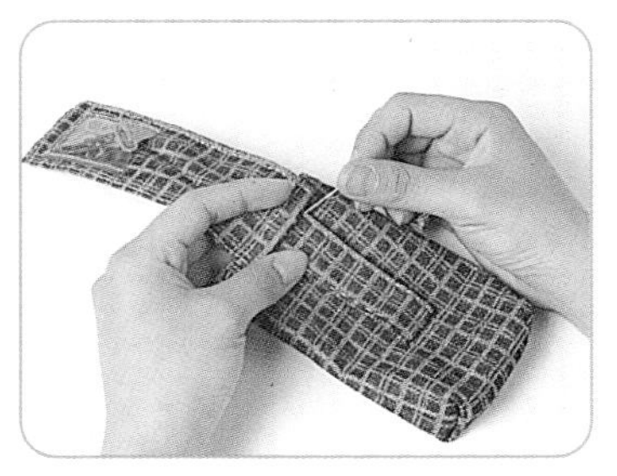

9 將其與袋子縫合，完成。〈可繫於腰間皮帶上〉。

牛仔系列

穿 在身上的牛仔褲，其實一點都不稀奇，為自己的手機、Call機，製作一件牛仔褲吧！既新奇又特別。

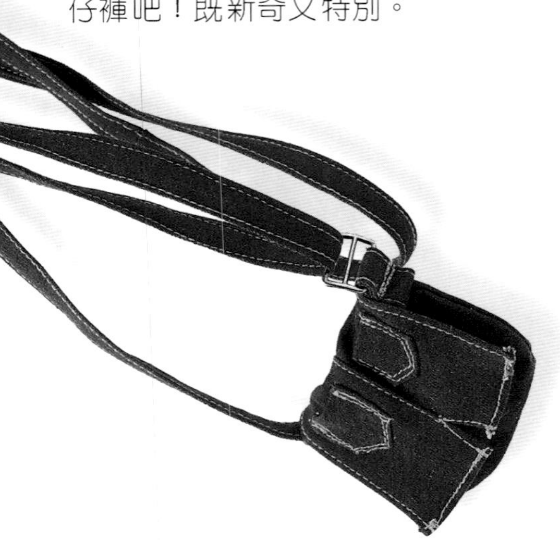

1 取一牛仔布裁下適當尺寸。

2 將內部袋口縫製完成。

3 翻面。

4 另取一塊牛仔布，縫成牛仔褲的外型。

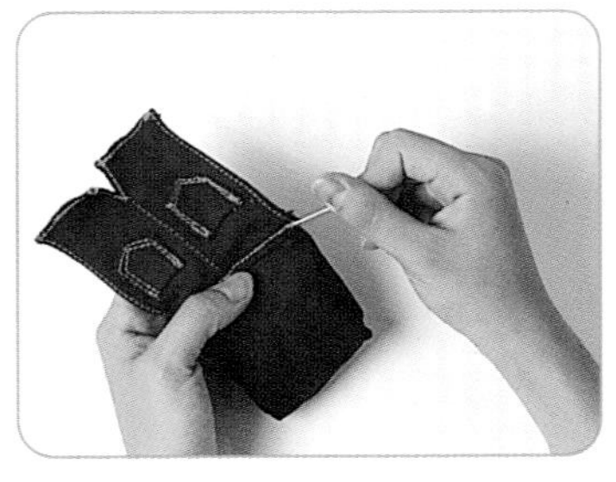

5 將縫好的牛仔褲型與袋子接合。

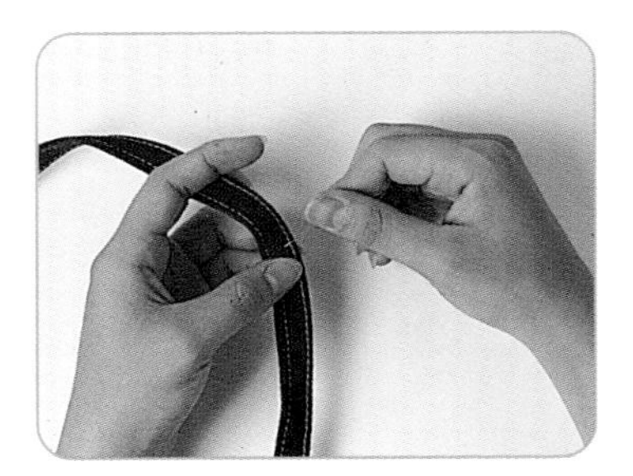

6 取一長條布縫製成背帶。

穿在身上的Blue Jean，一樣可穿於手機、Call機上喔！！

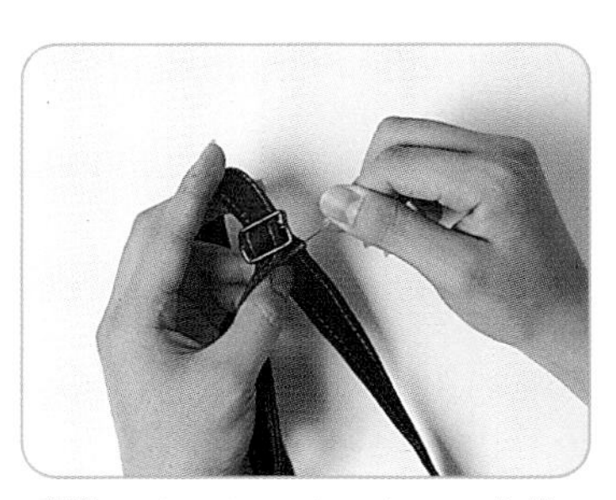

7 穿入扣環後固定如此背帶可伸縮。

8 將縫好的背帶與袋子主體縫合。

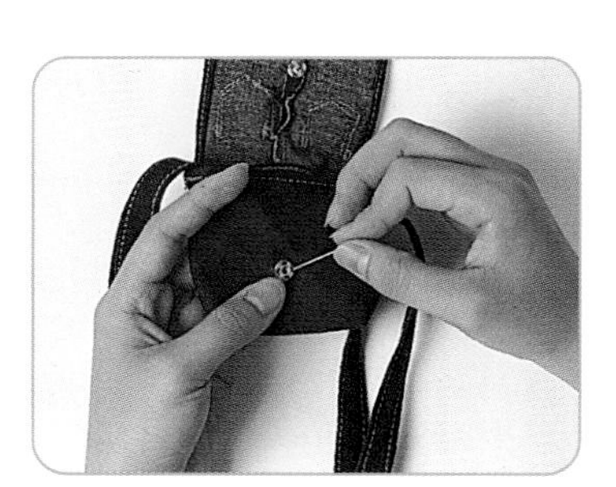

9 縫上暗扣，完成。

機械天使

充滿機械感的設計，使其有科技感，搭配天使翼，使其不再硬冷。

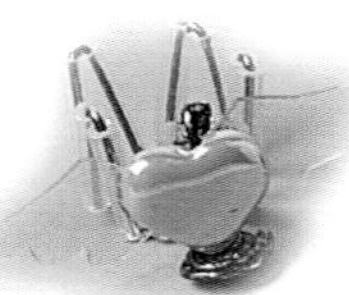

1 取一鋁片裁成袋子型板，並打上幾個洞做為縫合之用途。

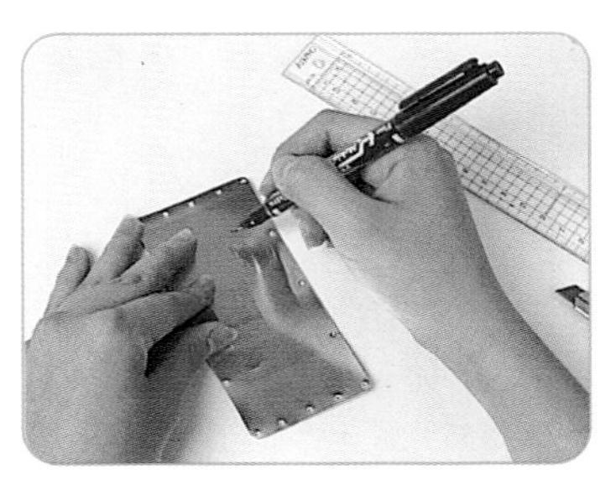

2 於鋁片上畫上將裁切下的裝飾圖案。

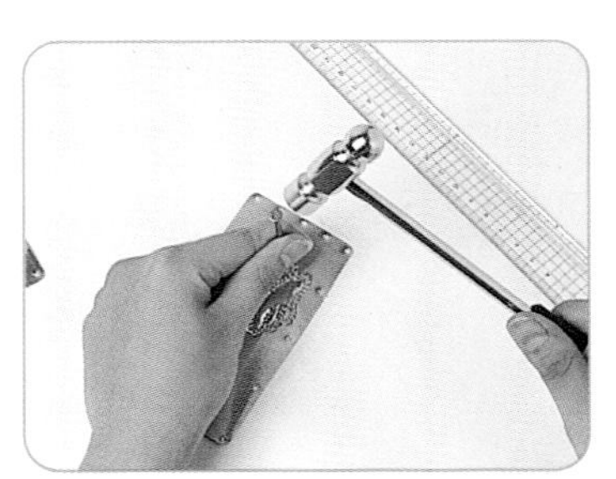

3 將畫好的圖案四周打上小孔。

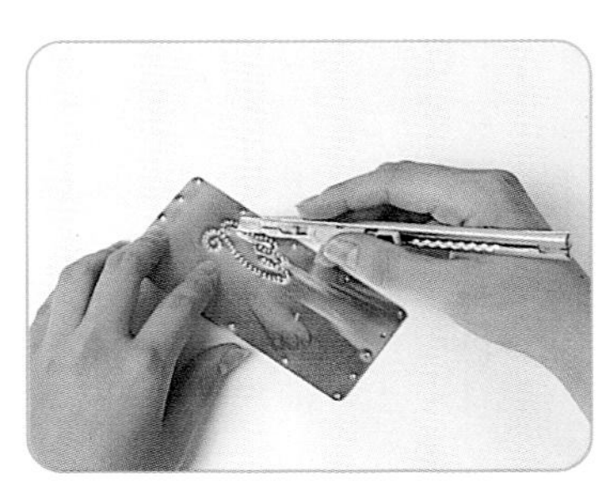

4 於小孔內割下圖形。

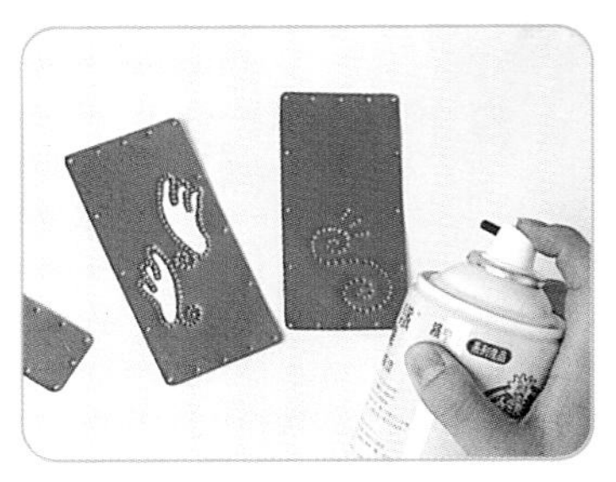

5 割好、釘好後噴上喜好的噴漆。

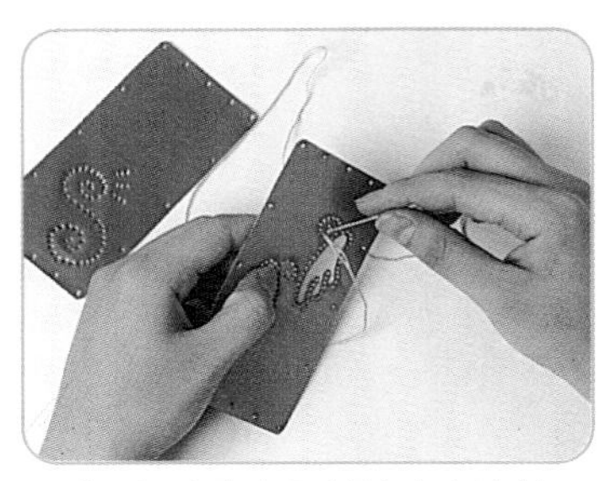

6 於小孔處用縫線穿上邊線，增加色彩使其圖案明顯化。

7 將繡好的型板一一縫合。

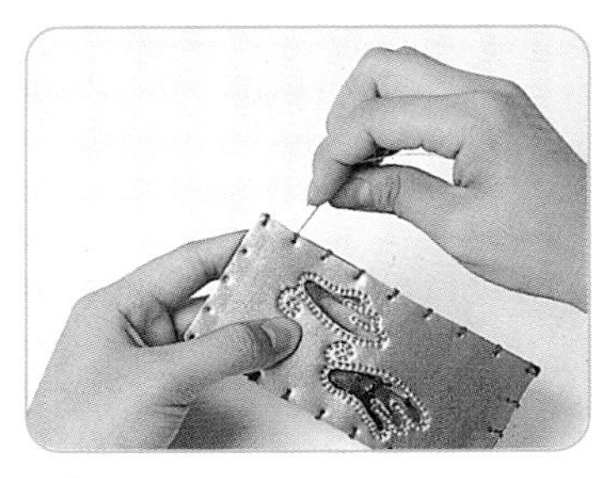

8 接合完成，形成袋狀。

9 內部放入塑膠布製成的袋子〈防止手機被鋁片刮傷〉。

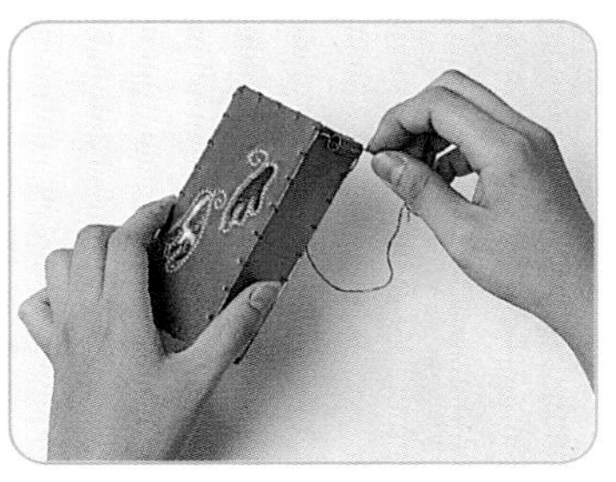

10 於袋子左右二端縫上環扣。

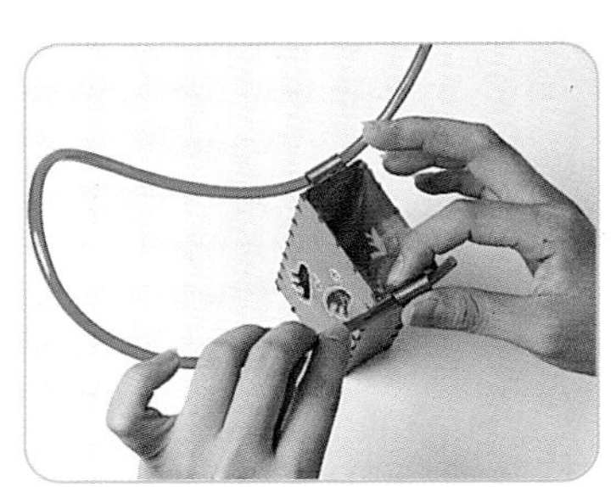

11 取一塑膠管，穿入環扣做為手提處。

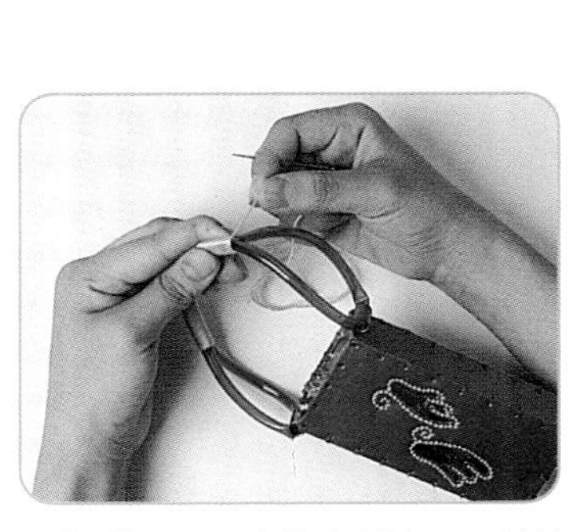

12 塑膠水管中間處，用繡線將其捆於一起，完成。

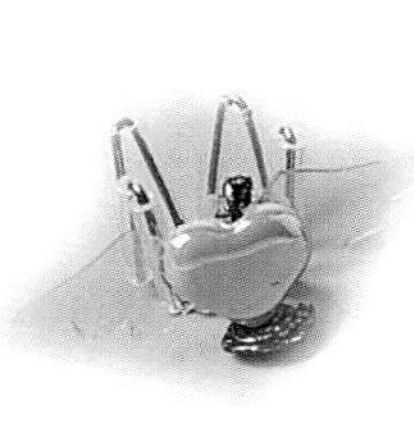

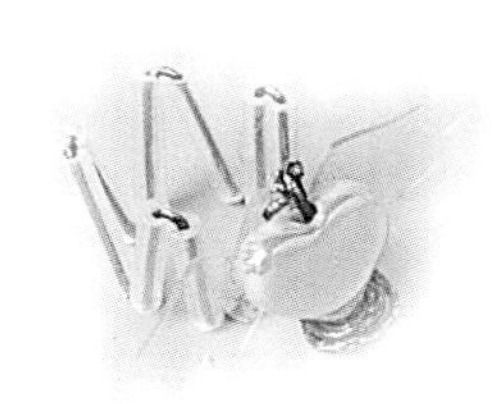

DIY物語

機·械·主·義

手機的家系列

PART Ⅳ

NOKIA

手機的家

PART 4

是否一回家手機就無處可放，
只好隨意放置，
一旦電話響時又遍尋不著，
教你（妳）一個解決方法，自己動手做個手機的家，
讓它有個棲身之所吧！

NOKIA
14:51
FarEasTone
功能表 電話簿
MOTOROLA
cd928
NOKIA

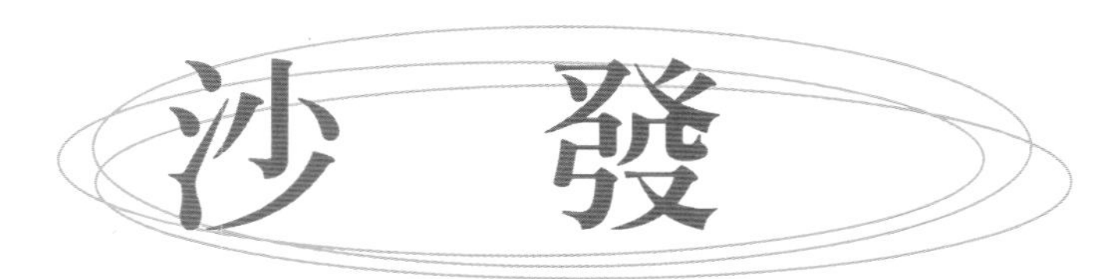

沙發

銅線一圈一圈的纏繞成為手機舒服的沙發椅。

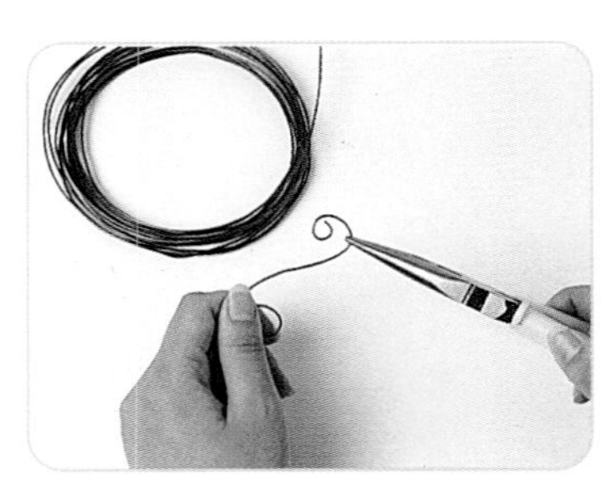

1 用鉗子彎出數個弧型。

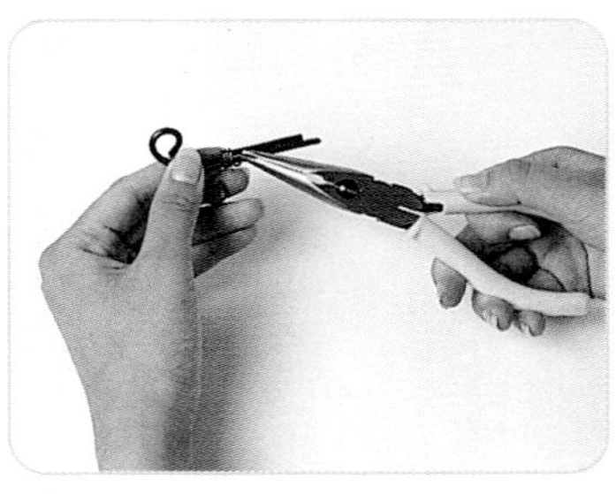

2 二個銅線固定，用更細的銅線纏繞固定。

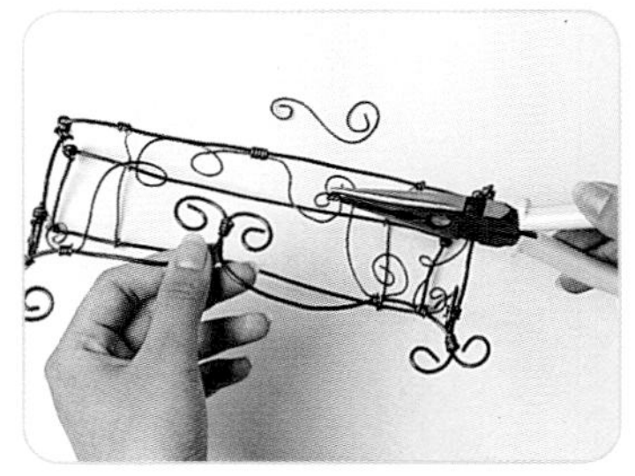

3 將所有銅線固定即成一個銅線製成的架子。

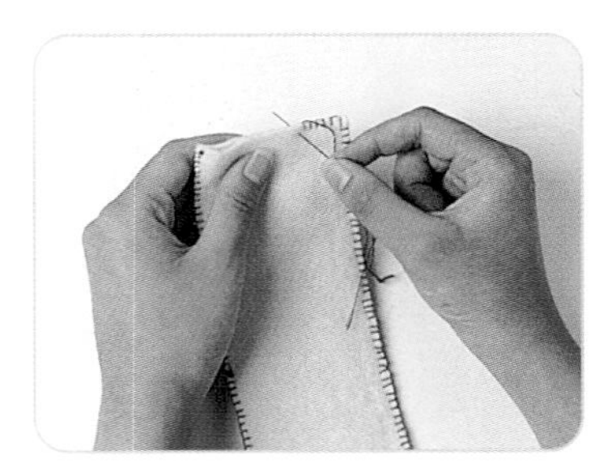

4 縫二個7 ×17cm 不織布重疊。

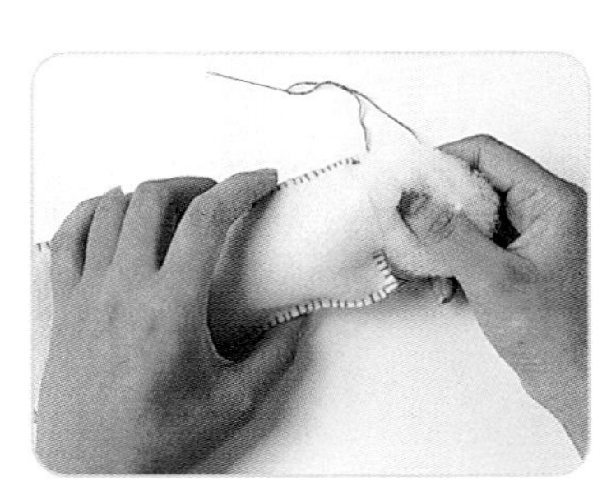

5 內塞棉花。

6 將做好椅墊及架子固定即完成。

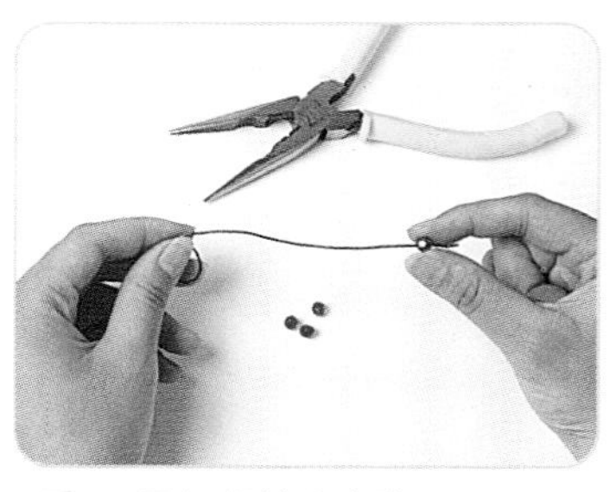

1 用細銅線串上珠子。

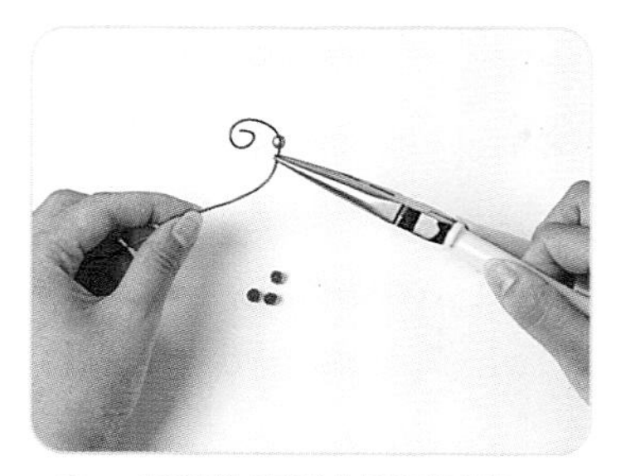

2 串過後再彎曲即可固定。

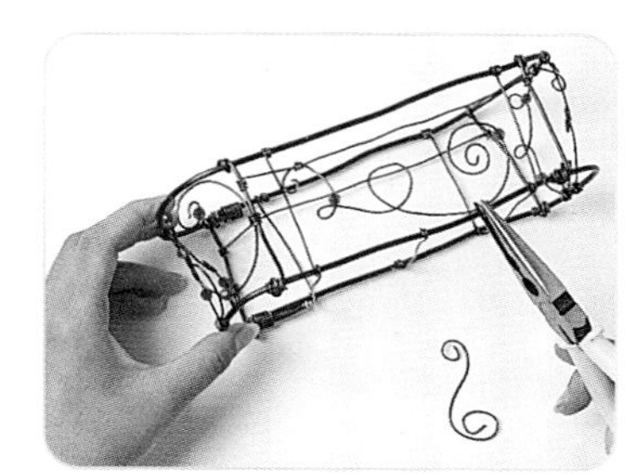

3 組合成圖中架子。

4 縫合一7×17牛仔布墊子。

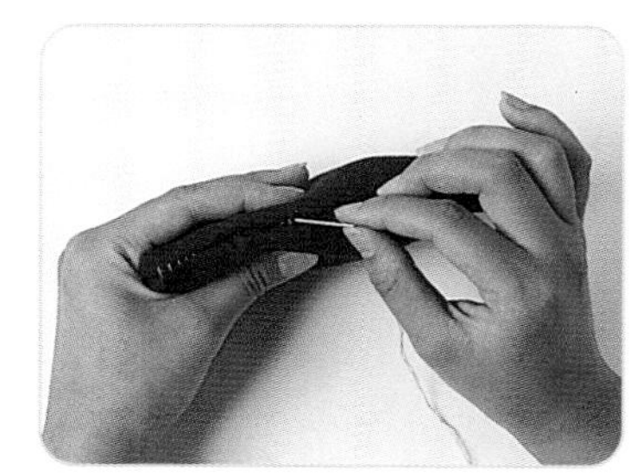

5 塞入棉花縫合。

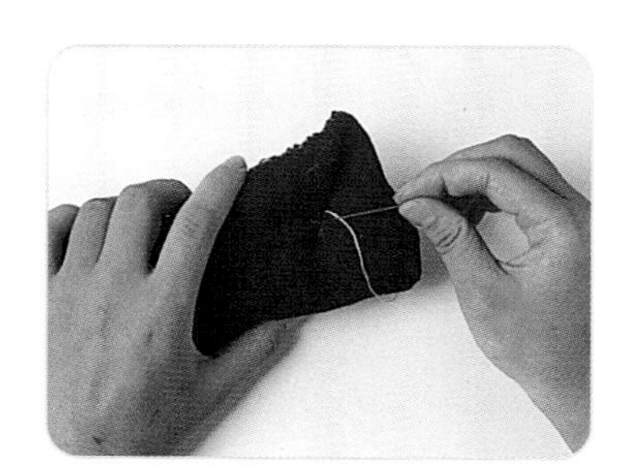

6 在墊子上縫合2個交叉。

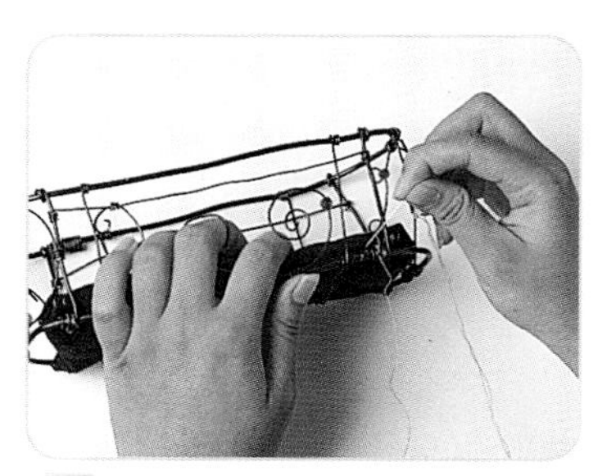

7 縫合墊子及架子後完成。

搖　籃

做一個舒適的搖籃，可以把心愛的手機放在最安全的保護中。

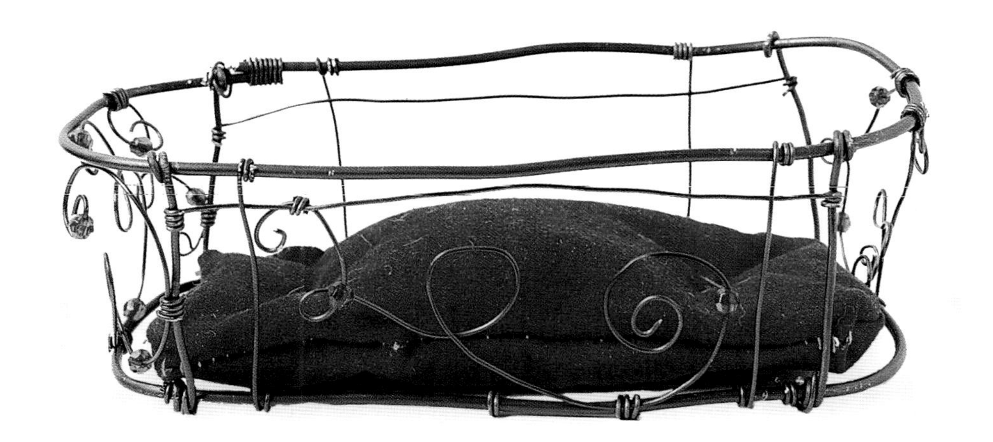

回歸自然

近來一股回歸自然的風氣盛行，所有材質都是以自然為主，有種返璞歸真的美。

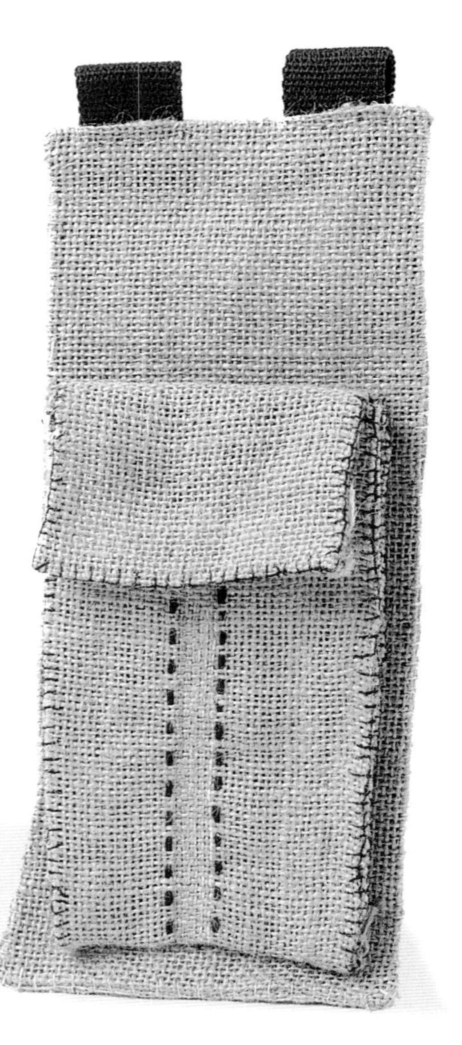

1 拿2塊10×24cm的麻布，將四個邊縫線，以防脫線。

2 將2.5×4cm的帶子縫合，可當掛東西的帶子。

3 9×15公分的麻布縫合。

4 將蓋子四週縫線。

5 正面部份用毛線做些裝飾。

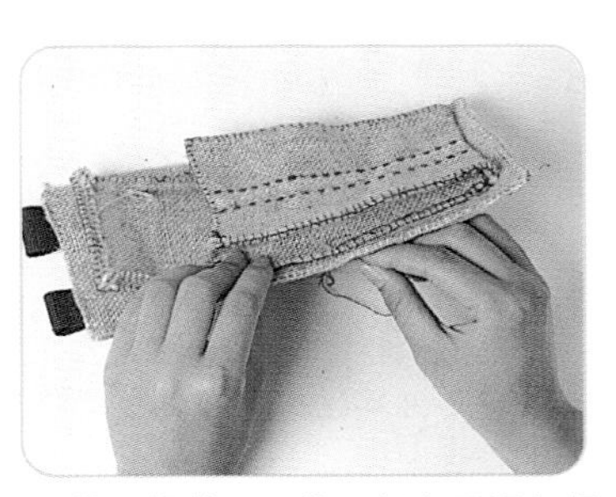

6 將蓋子、袋子與底面組合起來。

透　明

掛在牆上的透明袋，把自己收藏的手機飾品通通放進去。

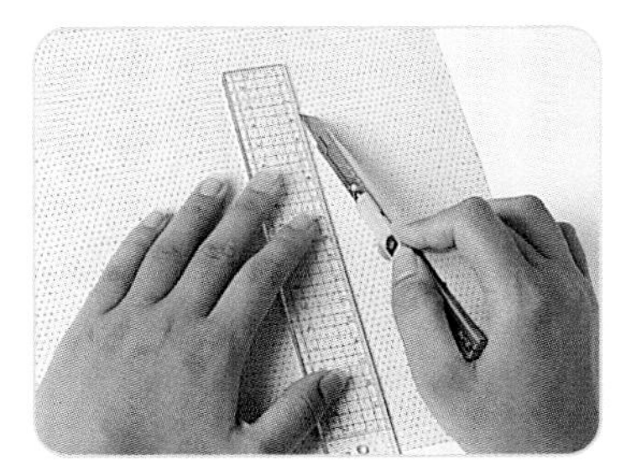

1 裁下8×20cm的透明塑膠布。

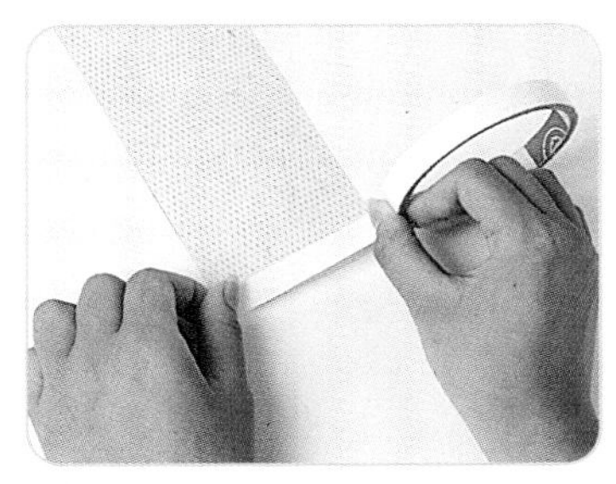

2 將上面1cm處黏上雙面膠。

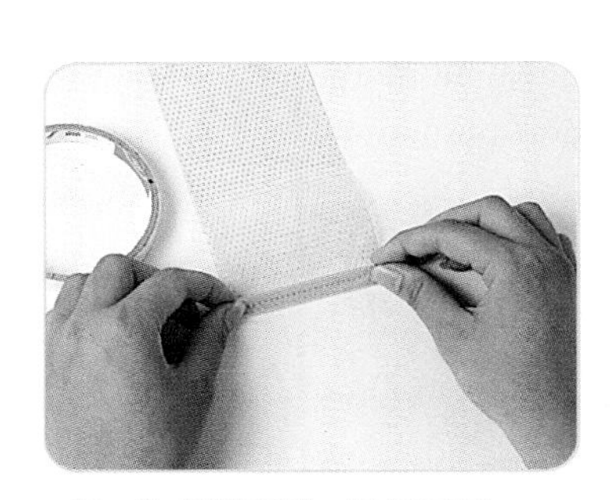

3 黏合雙面膠，呈現圓型。

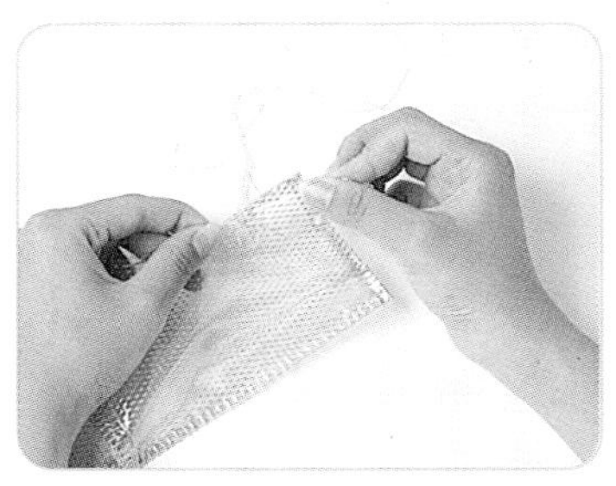

4 再裁14×8cm的塑膠布與底面縫合。

5 在頂端打洞即可。

風　情

圓型的束口袋，可以保護手機不輕易掉落。

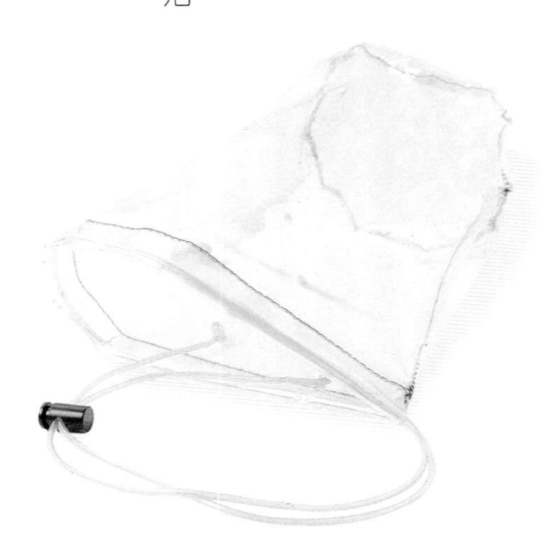

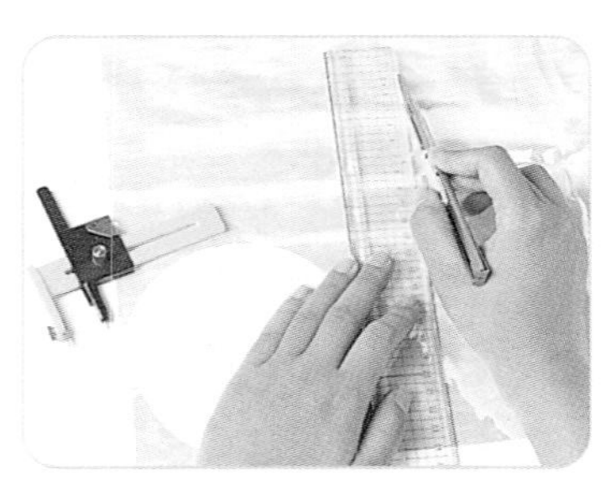

1 裁切一直徑7cm圓形，20×14cm長形透明塑膠布。

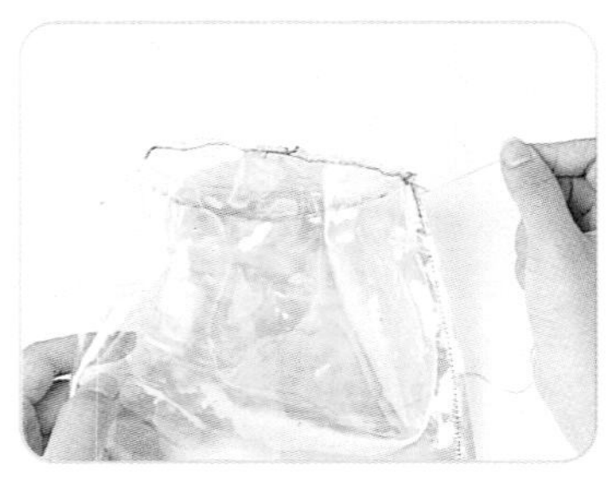

2 縫合圓及長條塑膠布。

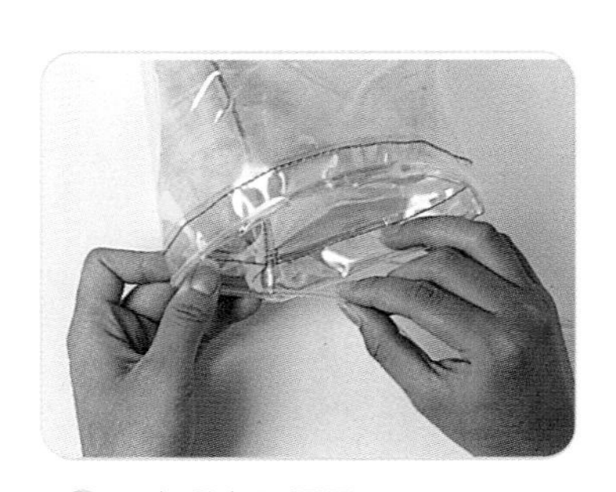

3 穿過束口繩子。

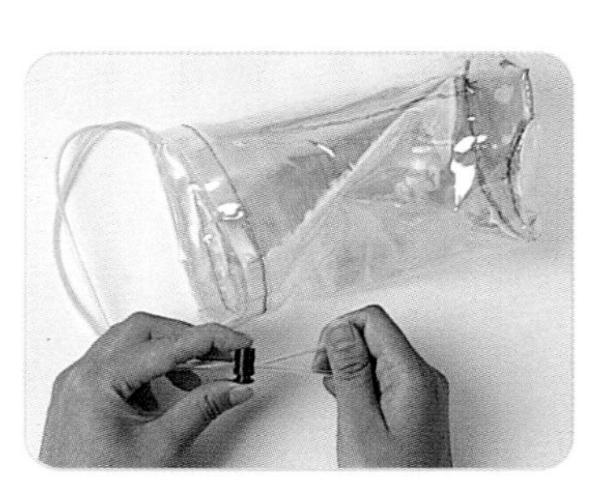

4 穿過固定的扣子即可。

晶瑩剔透

象徵尊貴的黃色，搭配上帶有珍珠色澤的珠珠，是否顯得晶瑩剔透呢？

1 裁切7.5×14，6.5×14各2塊。

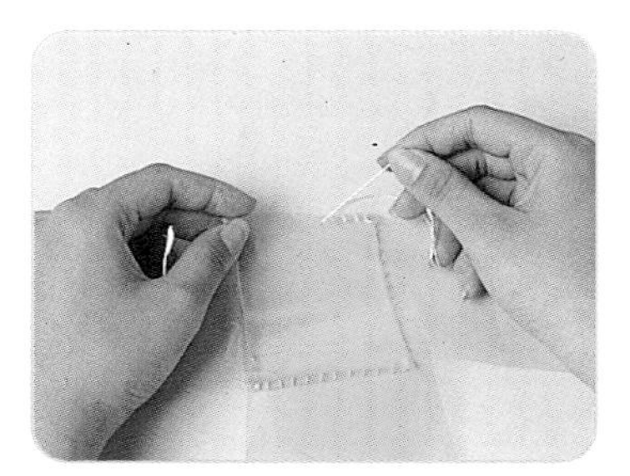

2 縫合底部及四個面。

3 組合好一個立體面。

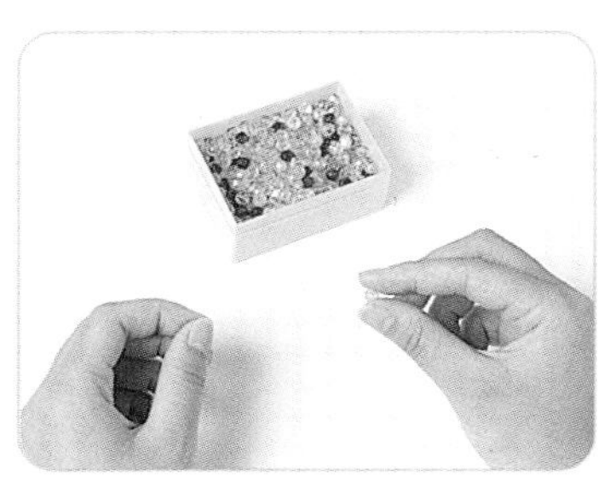

4 拿針穿洞。

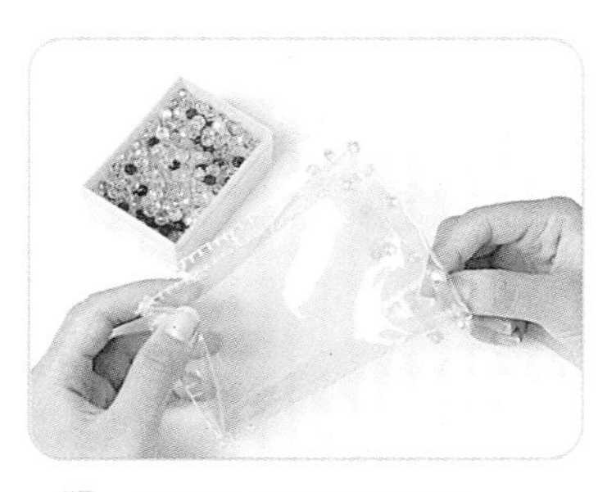

5 用釣魚線左右串珠子。

原色風味手機袋

簡單的麻布袋子，加上飛機木做成的架子，簡單中更見其特色。

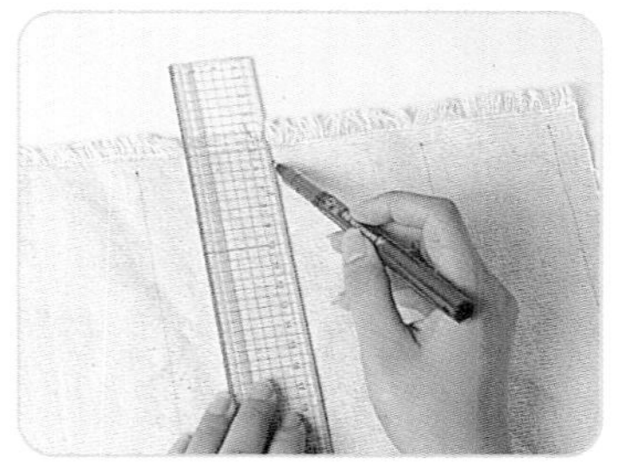

1 在麻布上畫出袋子的型板。

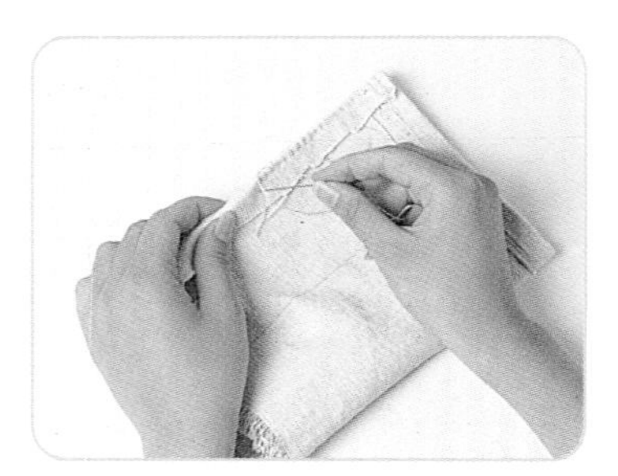

2 將二頭縫合。

3 袋子底端用平針縫合。

4 抓起其中二頭縫合，翻回正面即為立體袋子。

原色風味Call機袋

手機袋已經完成，當然Call機也要有同種類的搭配。

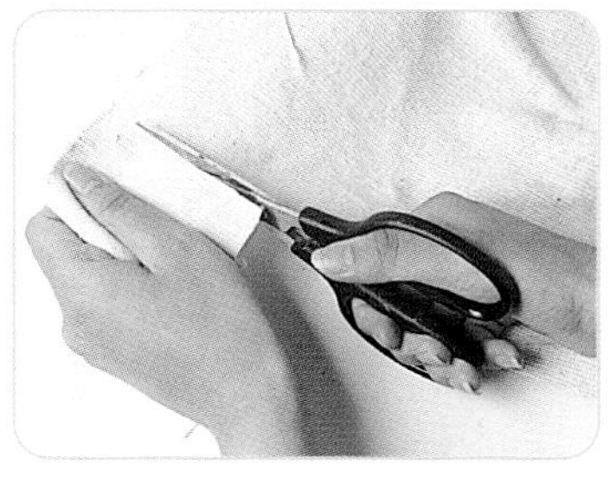

1 剪出Call機袋型板（做法與袋子相同）。

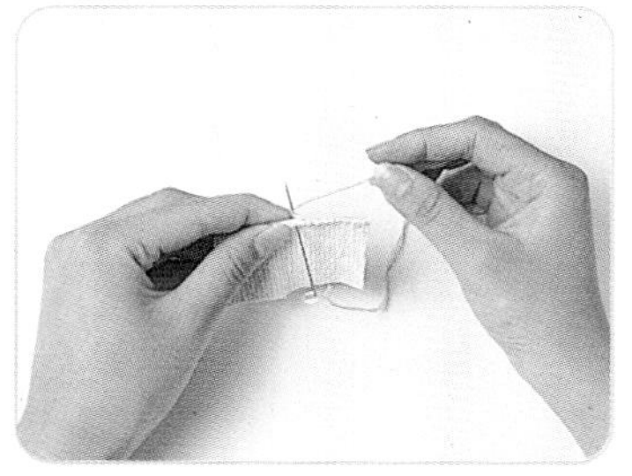

2 裁出一個4×6cm布四邊縫紉，以防脫線。

3 將口袋縫上。

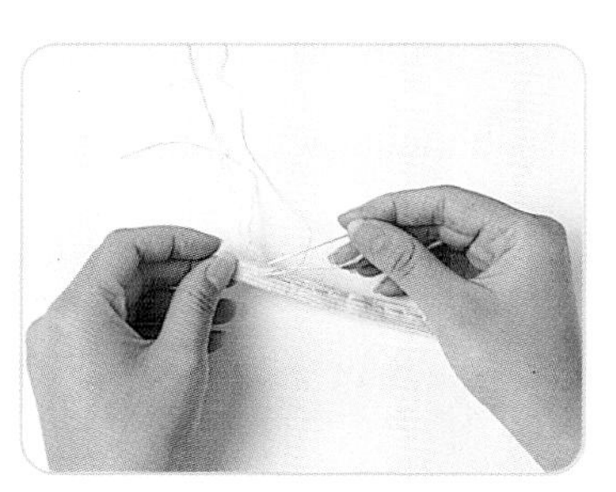

4 縫2條10×3cm長條重疊縫合。

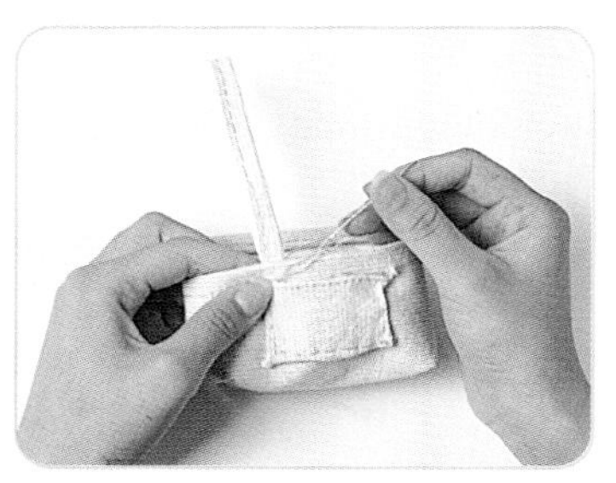

5 把提袋與袋子組合固定即可。

DIY物語

機·械·主·義

手機造型組系列

PART V

手機造型組

PART 5

整組的造型設計，
用來搭配自己手機，使其有整體一致感。

MOTOROLA
cd928
NOKIA

Pinking Party

粉紅色調成為當季的流行，
將身邊的飾品裝飾成粉紅色來參加這場Party吧！

NOKIA
FarEasTone
MOTOROLA
cd928

粉紅花圈

粉紅的塑膠布，一圈繞過一圈，圍成一個花圈 。

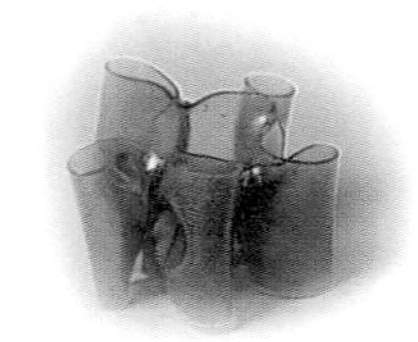

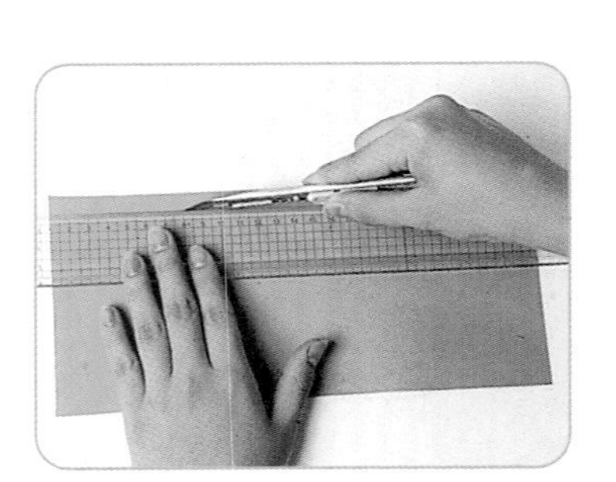

1 取一塑膠布裁下1公分寬的長型帶子。

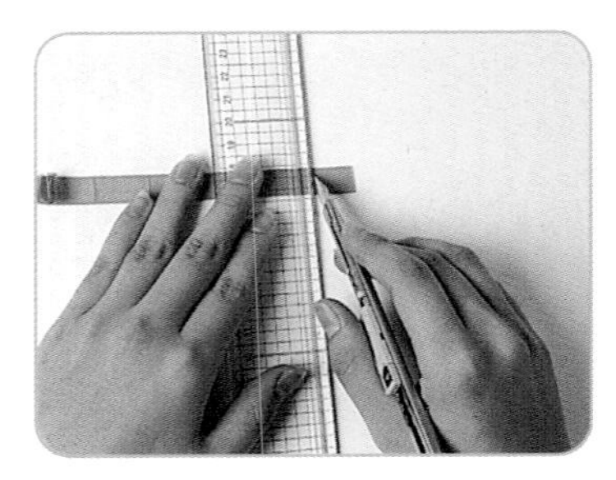

2 於裁下的長條，每2分割一道0.8公分的線條。

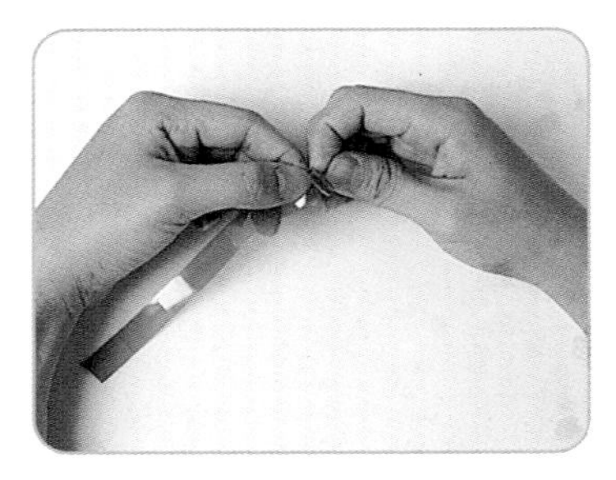

3 將同一條塑膠布反穿入割好的線條處。

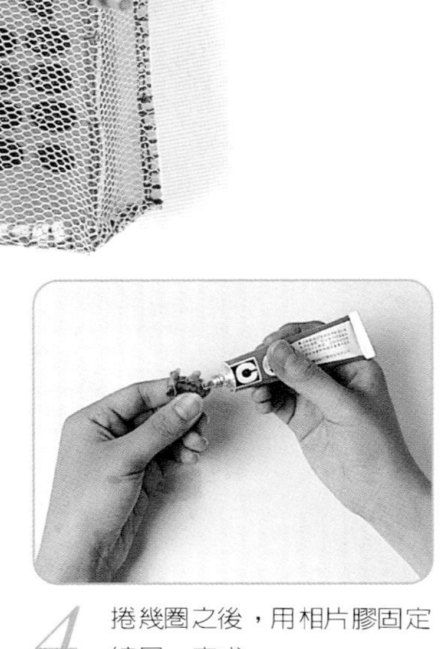

4 捲幾圈之後，用相片膠固定結尾，完成。

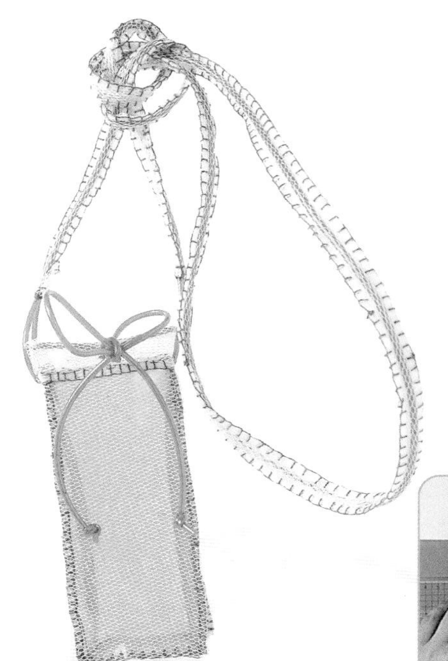

織夢的粉網

粉紅的塑膠布，搭配外包的紗網，有如充滿夢幻的夢。

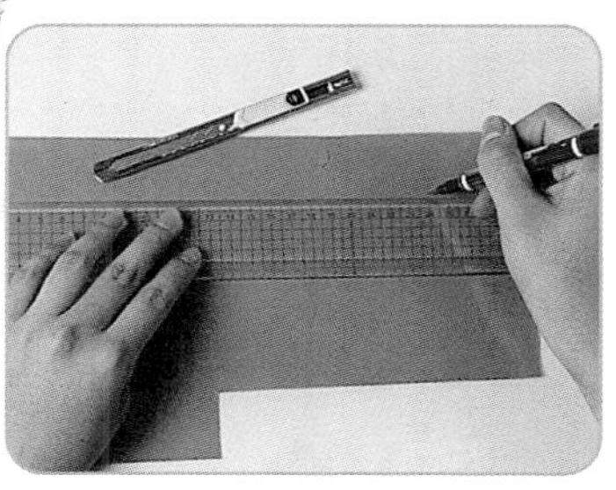

1 取塑膠布裁下適當尺寸及裁一紗網。

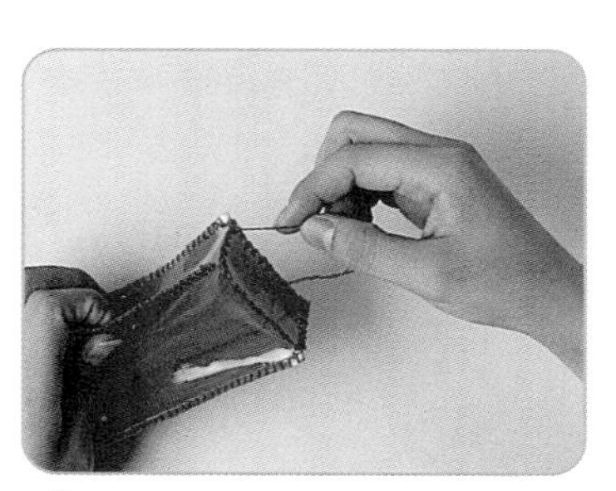

2 將裁下的塑膠袋子型板縫製完成。

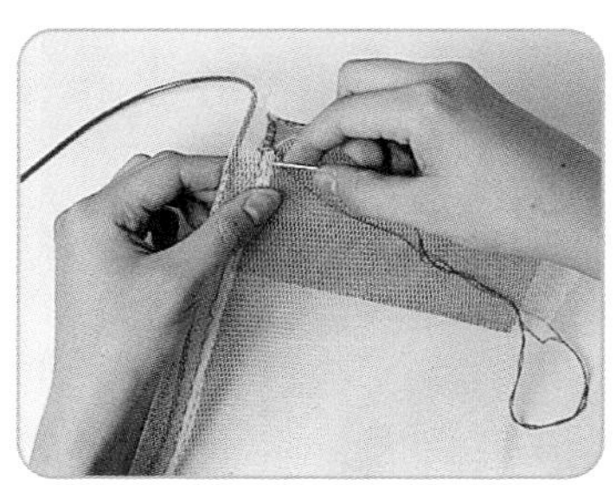

3 將紗網包於外圍並縫固定。

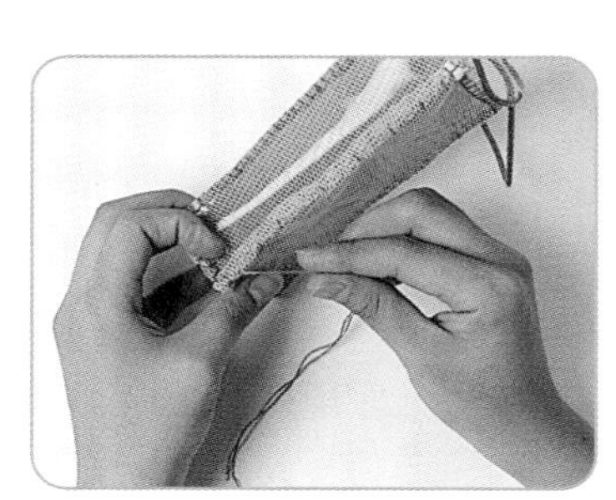

4 紗網包住塑膠袋型即完成。

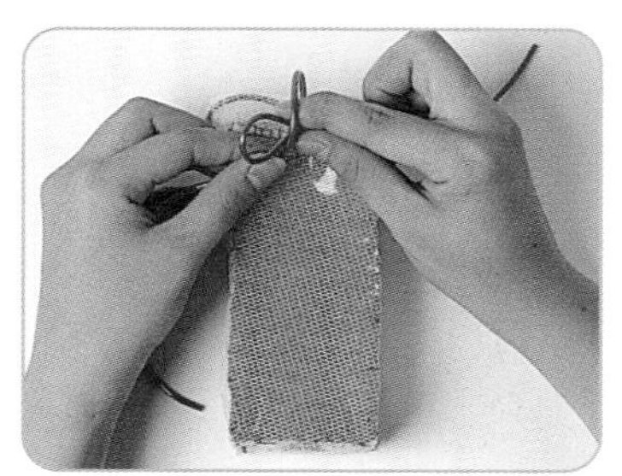

5 於穿放頂端的塑膠水管打上蝴蝶結裝飾。

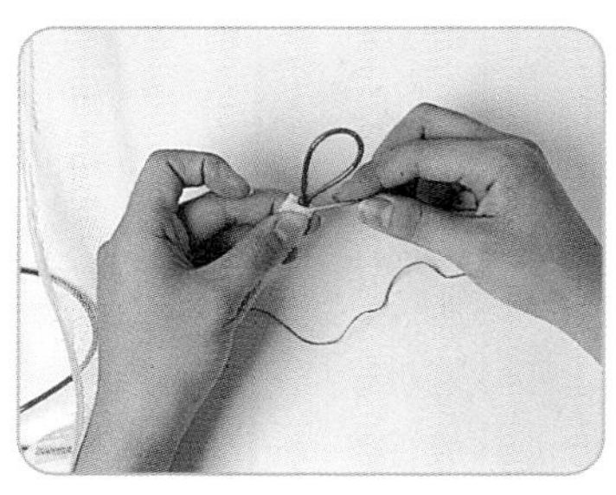

6 取一長彩色水管做背帶，依圖示縫開頭和結尾。

7 背帶如圖示縫製成一長條。

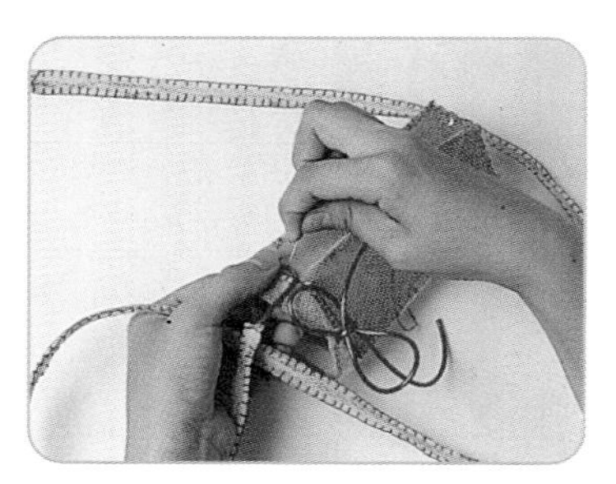

8 將背帶固定於袋子左右二端即完成。

粉紅鍊

粉紅色系的飾品，帶有透明感的色澤，任誰都會愛不釋手。

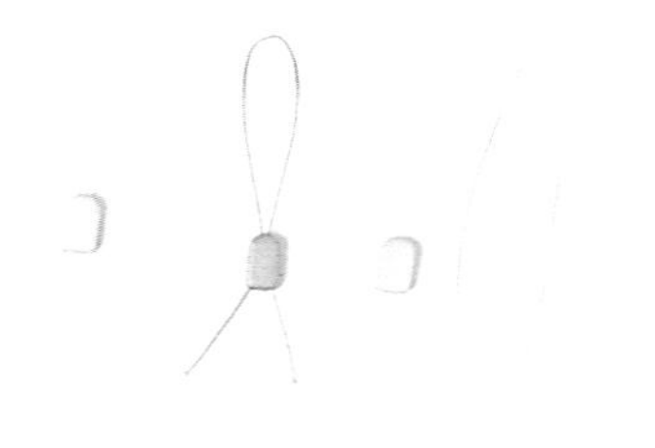

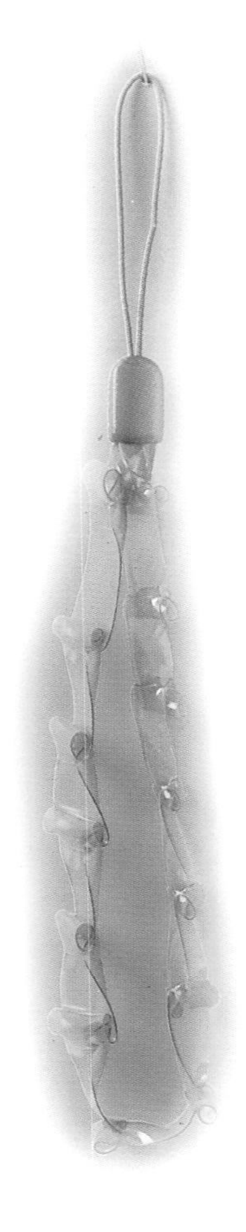

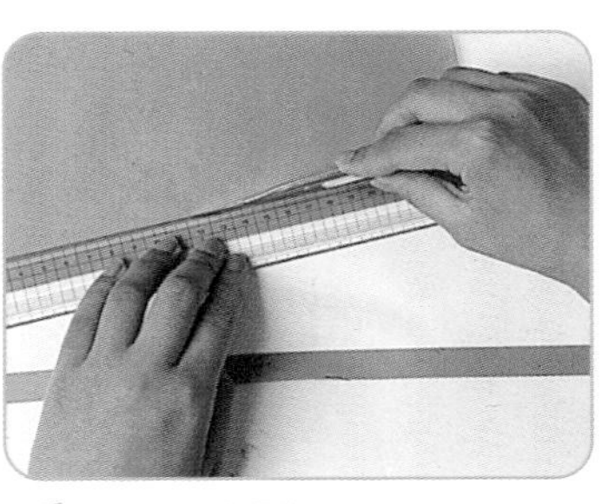

1 裁切透明布2×25cm。

2 長條透明布上每距3cm切割一道切痕。

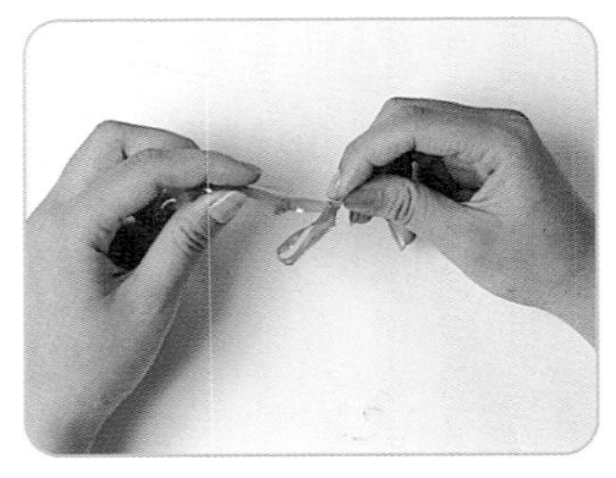

3 將頭反塞入切痕中。

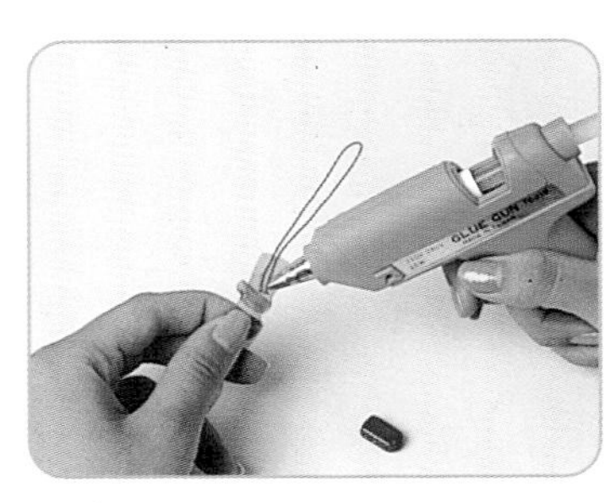

4 黏上繩結。

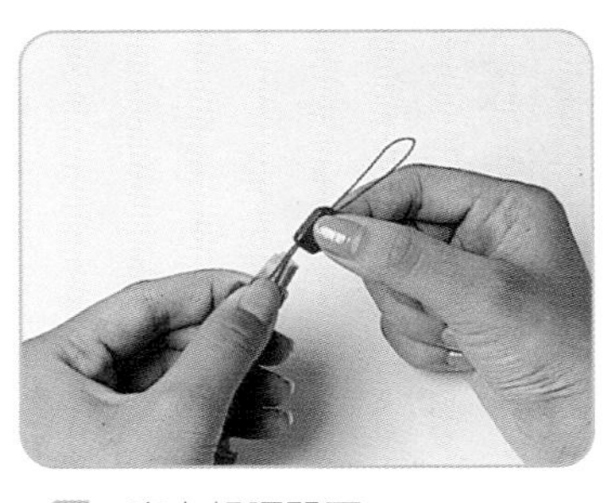

5 套上扣環即可。

心情手提袋

小巧的手提袋，不只是Call機，也可將自己的心情裝在裡面。

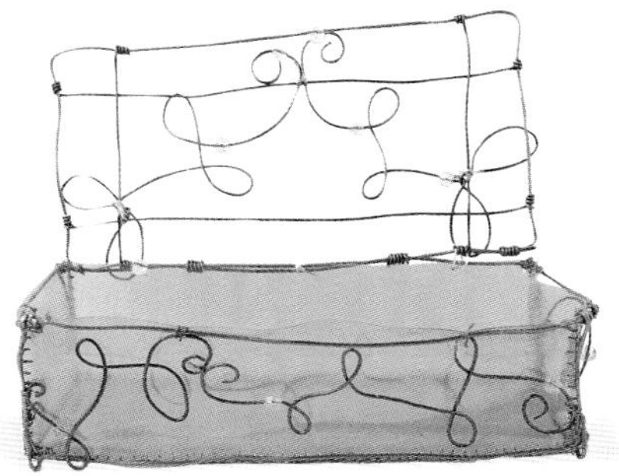

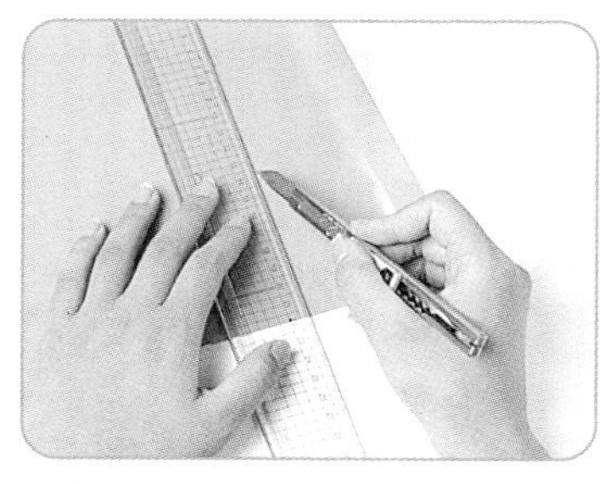

1 用與P106頁的相同製作方法。

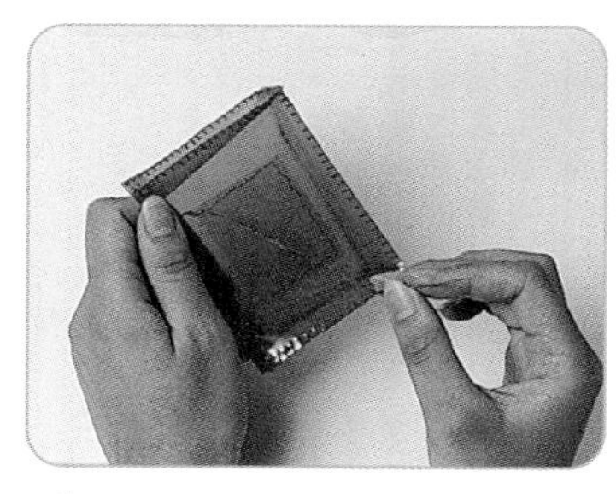

2 縫上口袋。

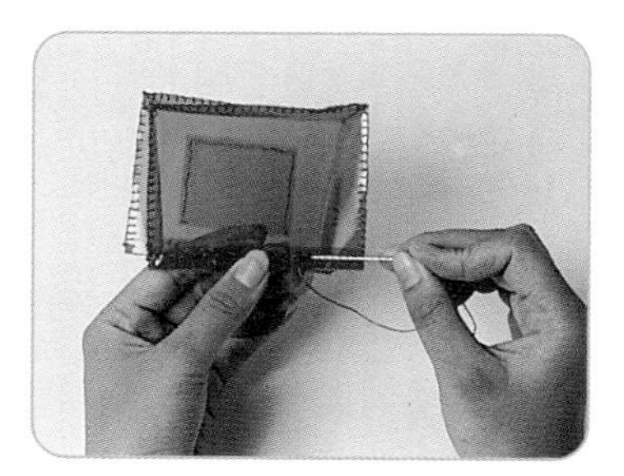

3 縫上手提處完成。

紅粉佳人

粉紅色架子，讓手機躺在裡面，既高貴又安全。

1 割好型板。

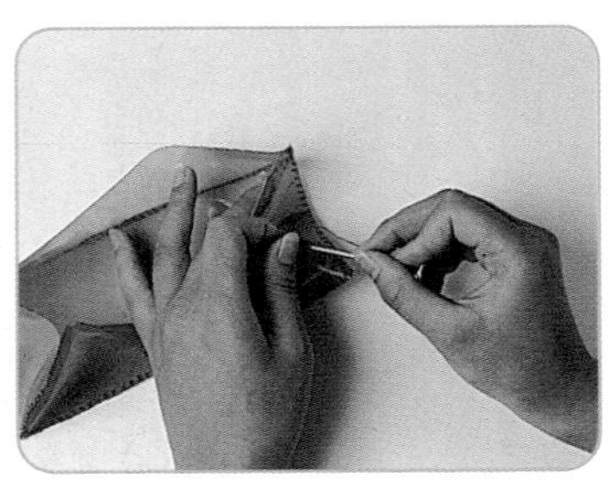

2 將型板縫合成立體。

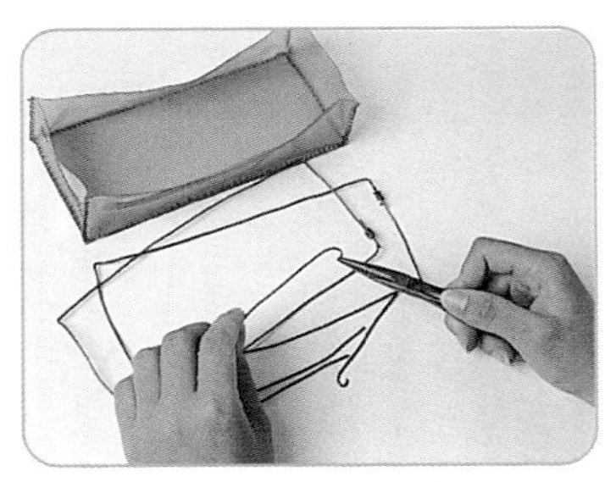

3 同銅線彎出盒子形狀。

4 將銅線與盒子縫合。

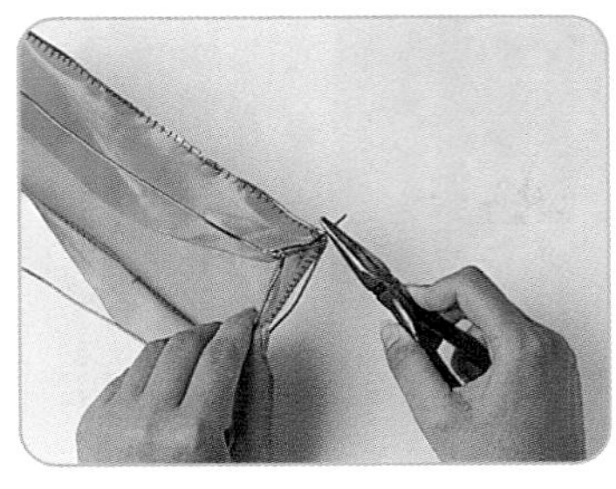

5 用較細銅線纏繞組合。

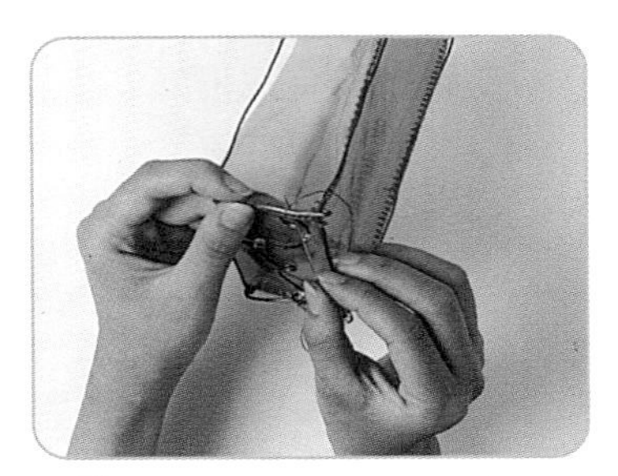

6 盒子的兩面用銅線組合好。

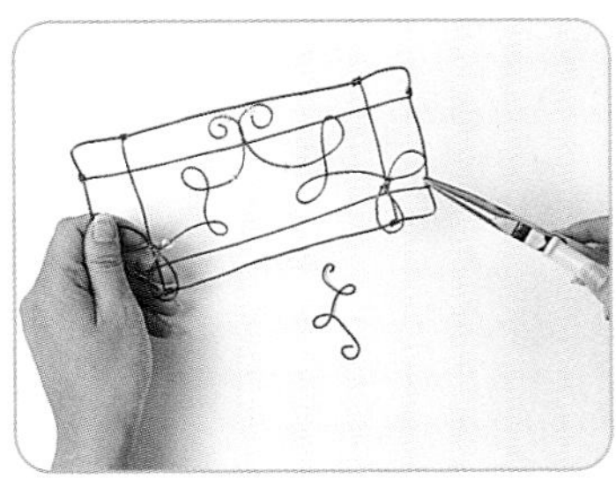

7 將蓋子部份用銅線組合好。

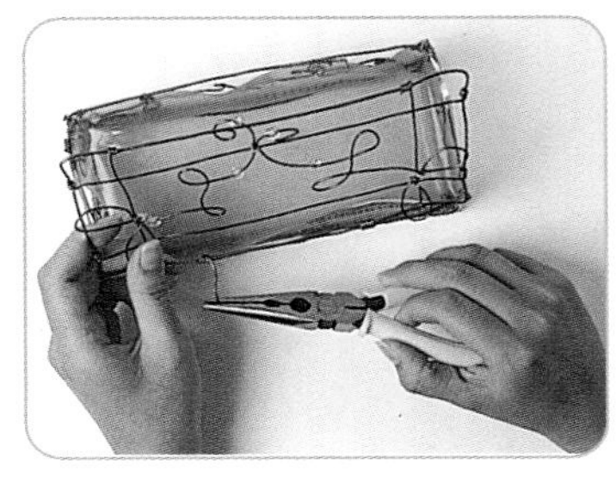

8 將蓋子和盒子組合起來。

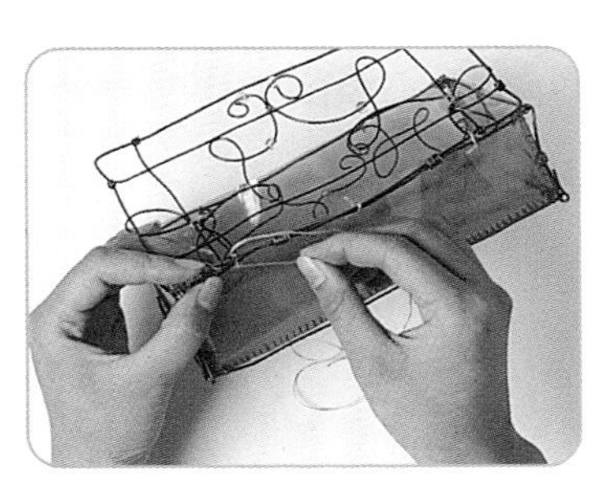

9 再將盒子與銅製外盒縫合。

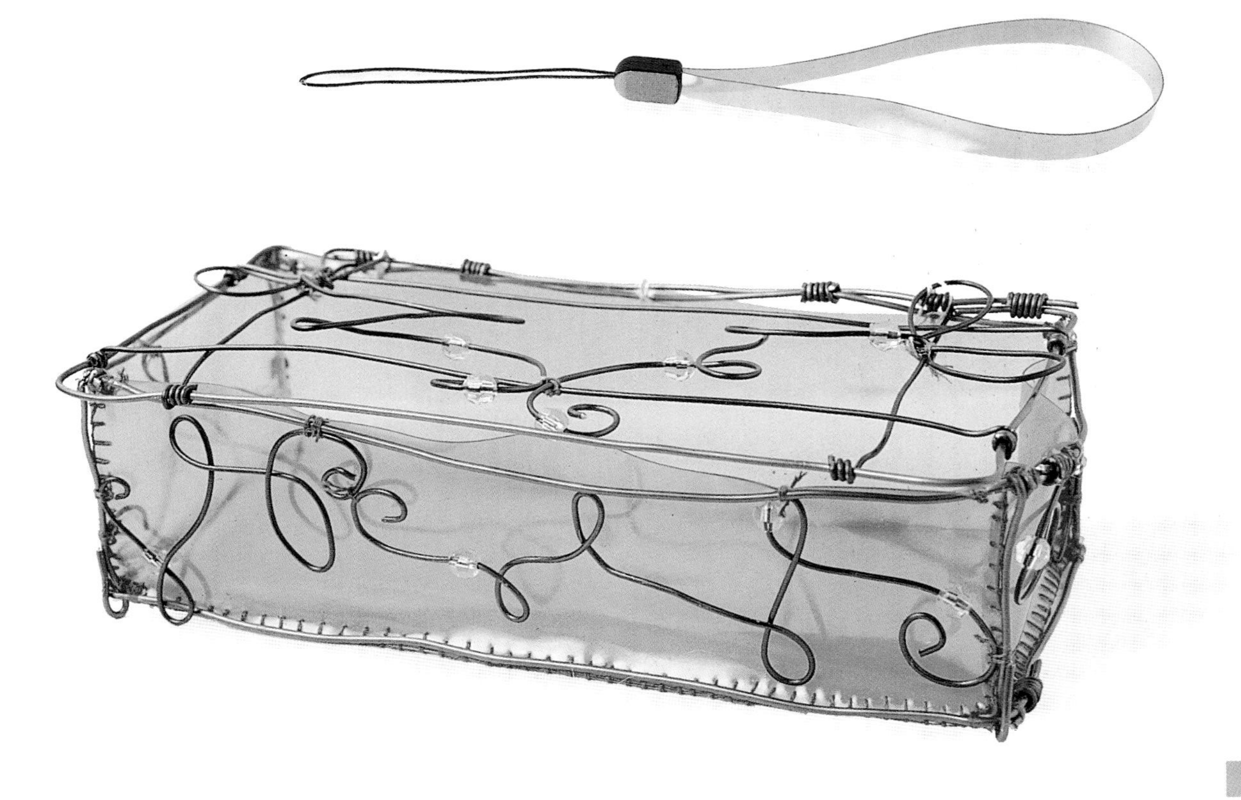

蛇皮

蛇皮組成一套的手機造型組，
既特別有高貴，
如此的與眾不同。

NOKIA
KGT-ONLINE
功能表

蛇心戒

蛇皮編成戒，心型珠串於外，套於手機天線上，風格獨樹一格。

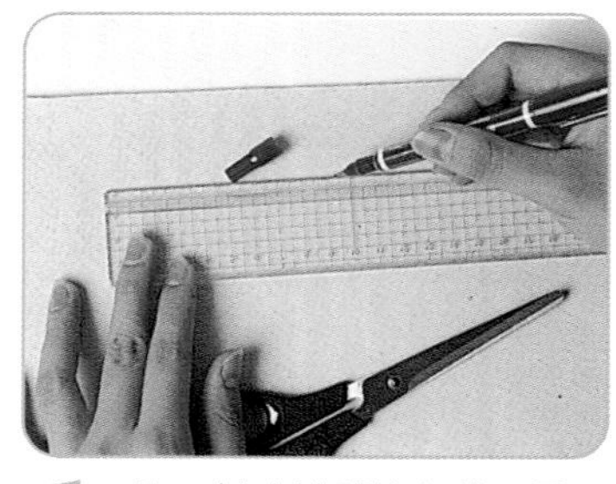

1 取一蛇皮紋路的布裁一長條。

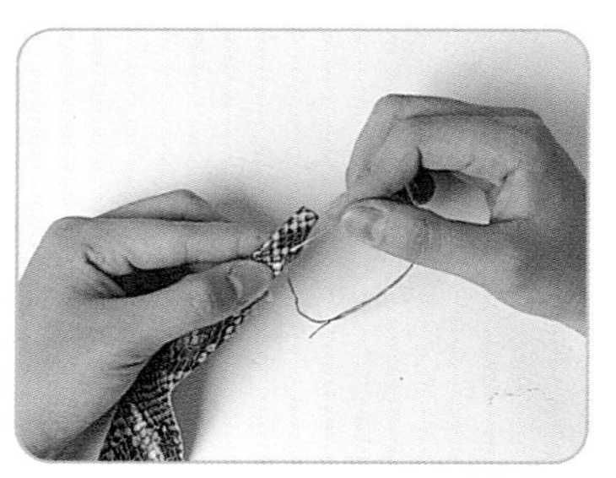

2 將其折疊後縫合。

3 於一端處打個結。

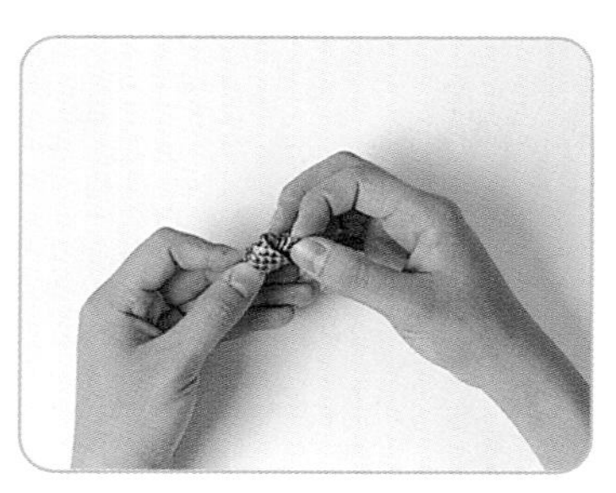

4 將末打結處穿入打結處做收尾。

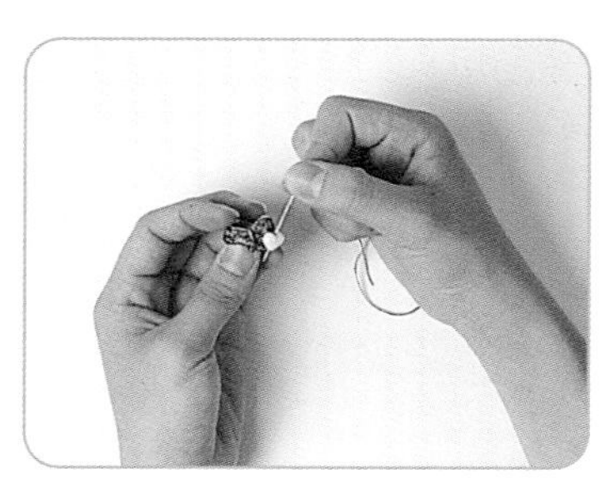

5 把心型珠珠縫於打結處的頂端，完成。

蛇皮包手機袋

蛇皮製成的手機袋，如此的高貴，有不可一試之感。

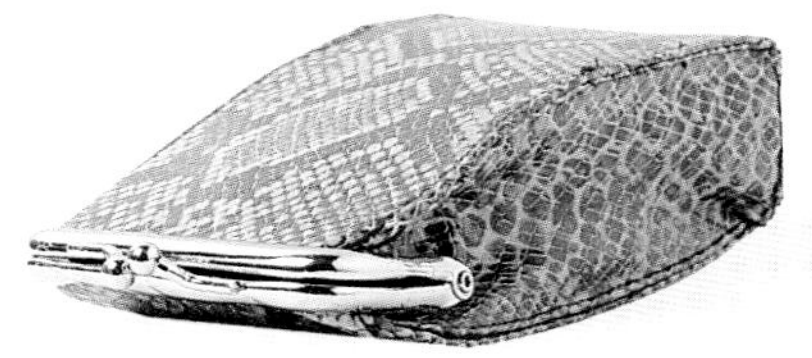

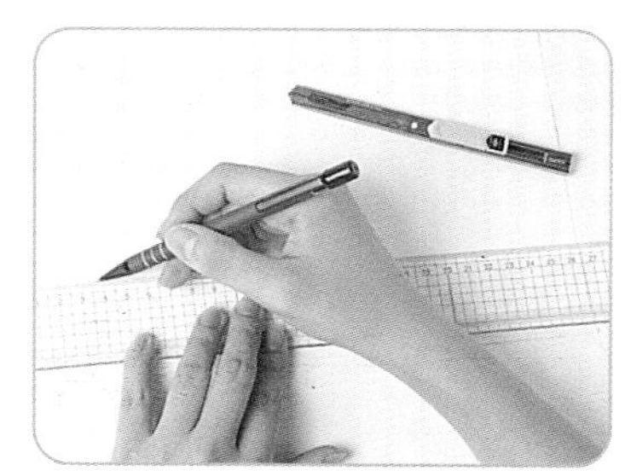

1 取一蛇皮紋路的布及紙板將型畫上。

2 將畫好的型板一一剪下。

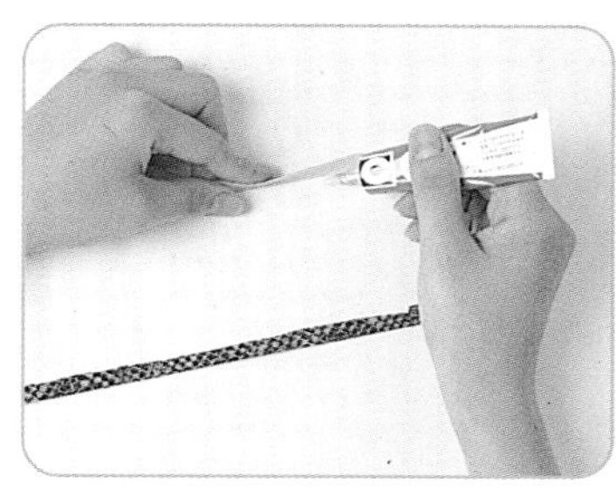

3 先將蛇皮布用相片膠黏貼於紙板上增加硬度。

4 再取內裡布剪相同尺寸下來。

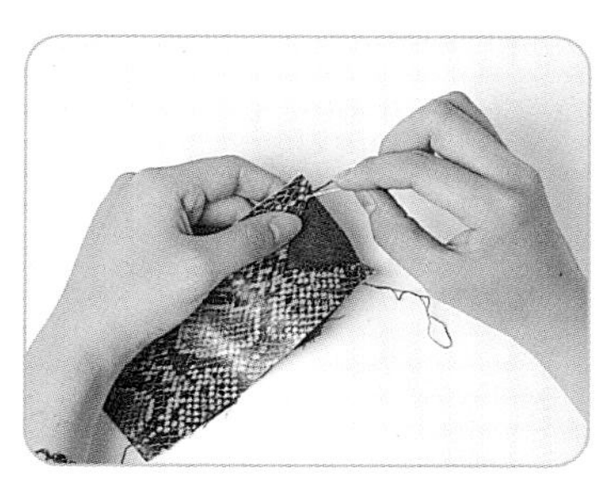

5 並將內裡布縫合於一起。

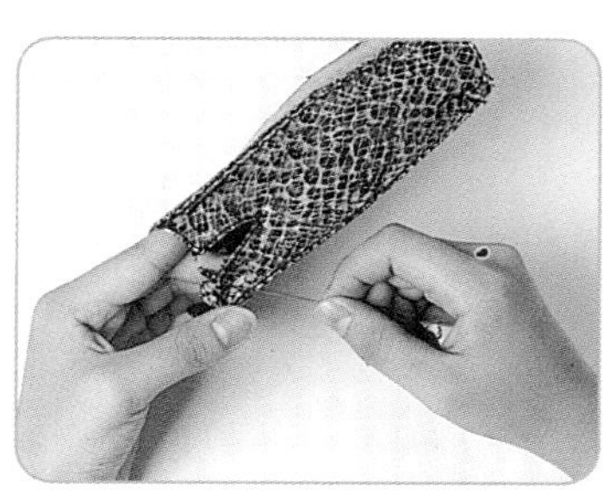

6 一一將各型板縫合於一起。

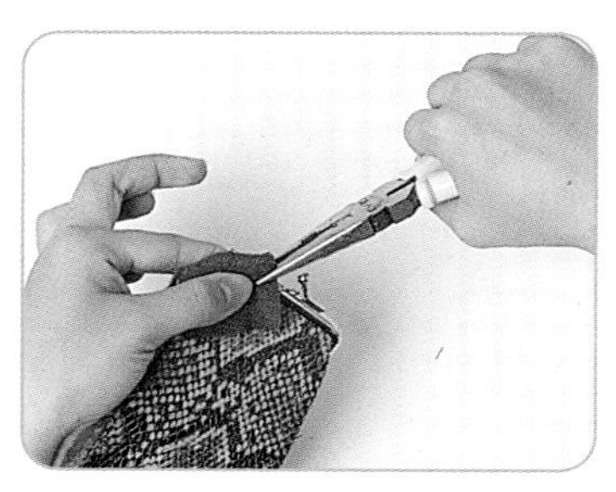

7 將袋蓋用老虎鉗夾固定於縫好的袋子上，完成。

危險機密

蛇皮紋看似有毒蛇的危險，但絢麗的外表又使人不得不注意它的存在。

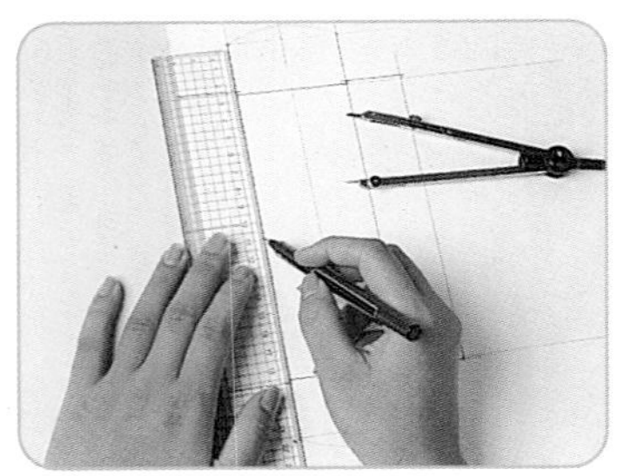

1 在卡紙上畫出盒子的型板。

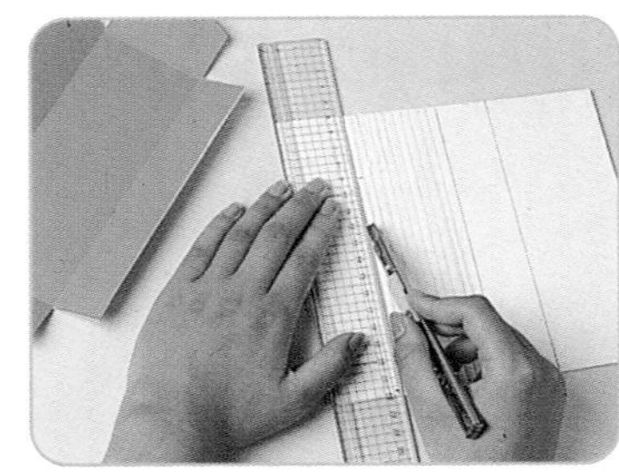

2 在盒蓋處割出三角凹槽。

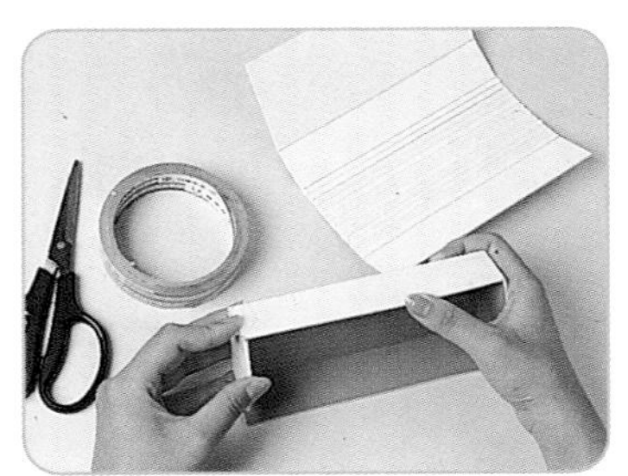

3 組合盒子。

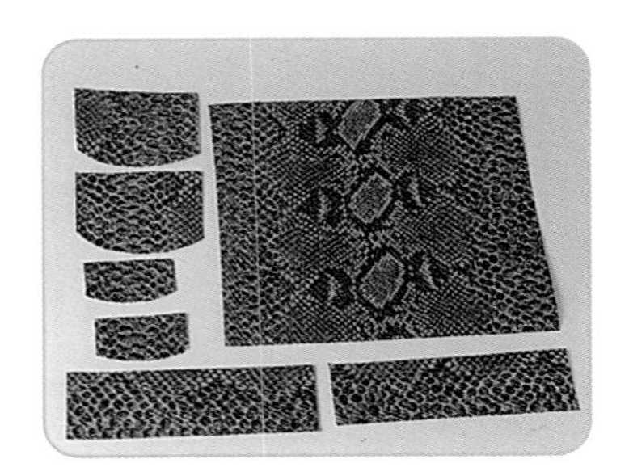

4 在蛇牙上割出盒子型板。

5 在蛇皮背後黏上雙面膠。

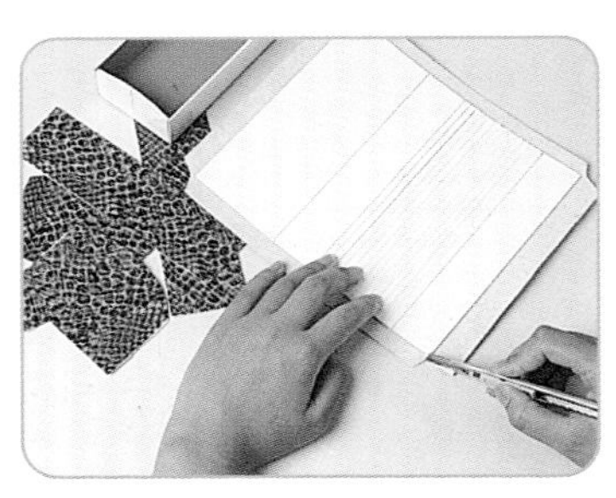

6 黏盒蛇皮及盒子，四週割出缺口。

7 黏合蓋子部分。

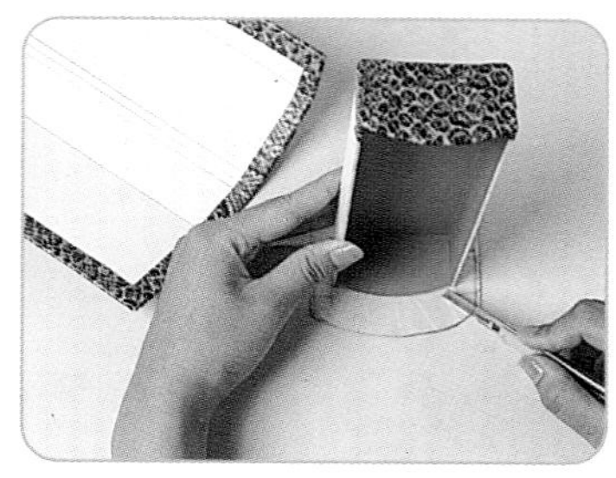

8 圖形部分割出刀痕。

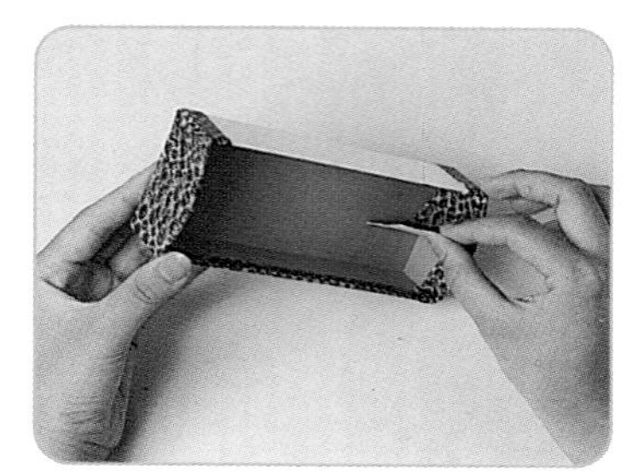

9 在盒子內部黏上一層，以遮蓋內部黏貼痕跡。

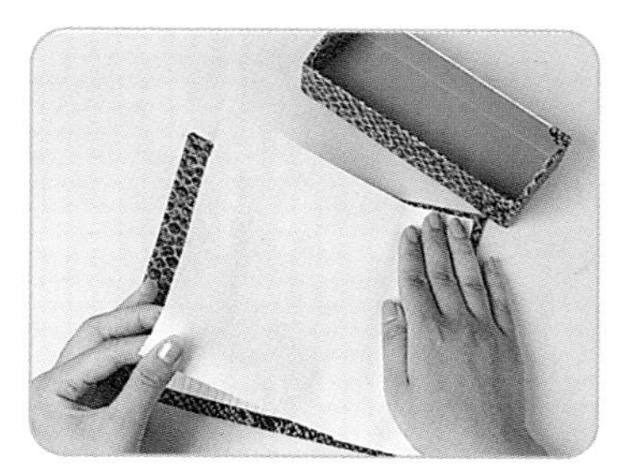

10 盒蓋內部貼上紙遮蓋痕跡。

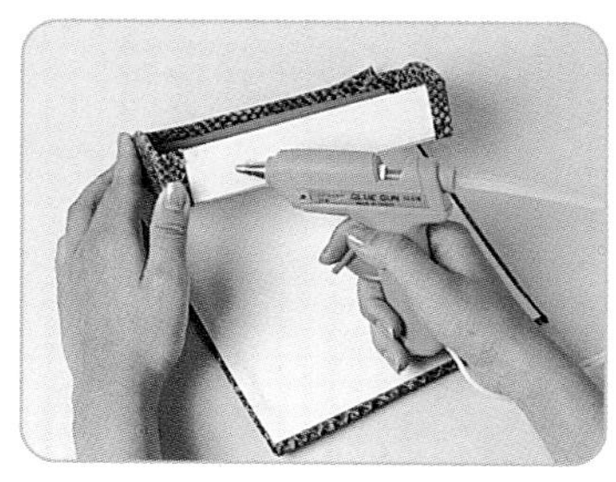

11 在盒背用熱溶膠黏合蓋子及盒子。

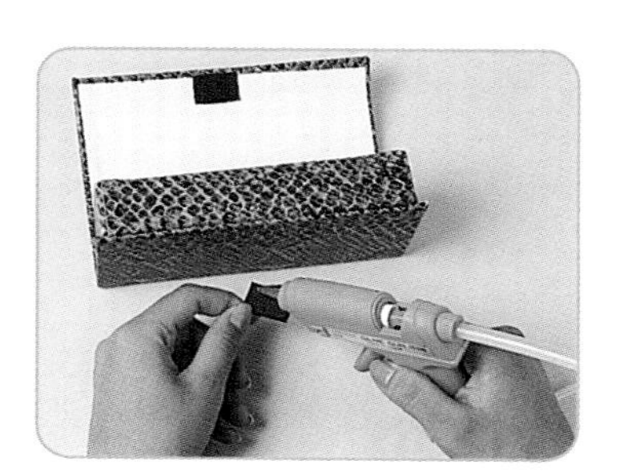

12 在盒面黏上魔鬼沾。

蛇紋鍊

用蛇紋的鍊子，必定吸引所有人的目光。

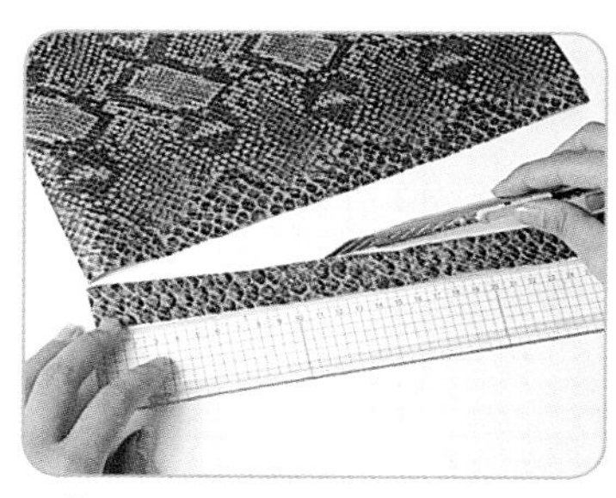

1 裁切一條3×25cm長條布。

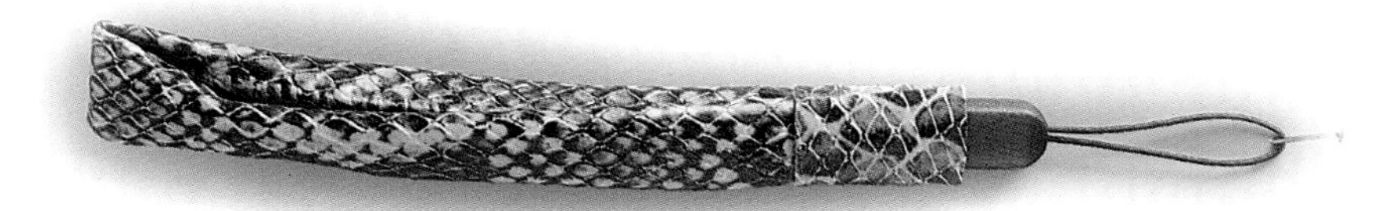

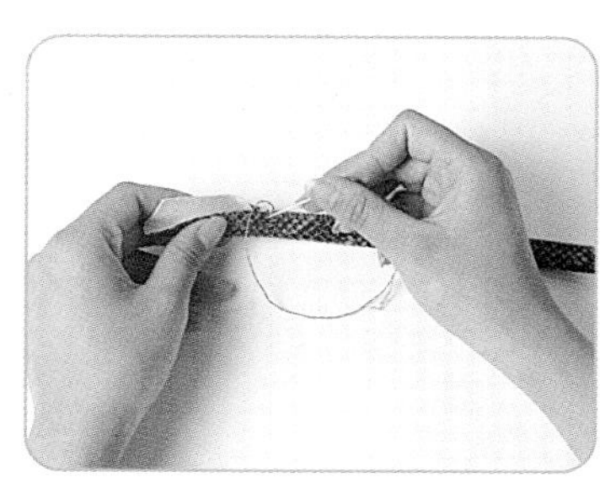

2 對折後縫合。

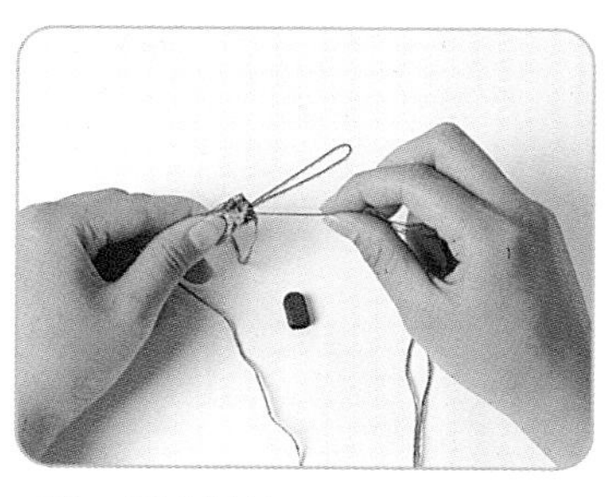

3 固定繩結。

4 套上扣環。

中國風

中國式的花紋圖案，
如此復古。
綢緞式的光面布，更顯其高貴。

NOKIA

梅

梅花開放於冬天，不畏風寒，在寒冷的冬季裡，毅力不搖的綻放。

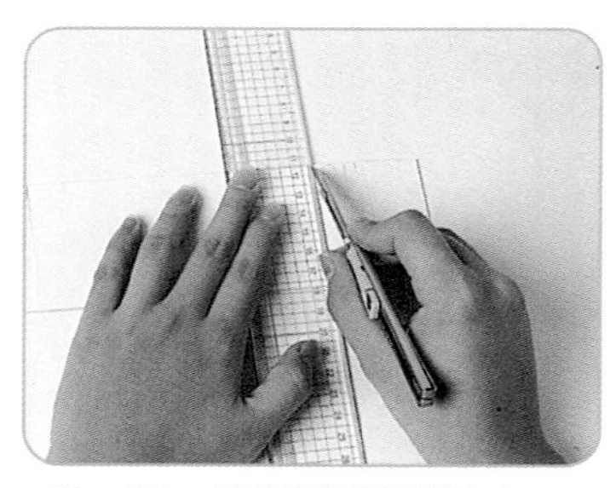

1 取一紙板裁下適當尺寸。

2 取一綢緞式的光面布，裁下需要的圖案面積、適當大小。

3 將布與紙用雙面膠黏貼於一起使其有硬度。

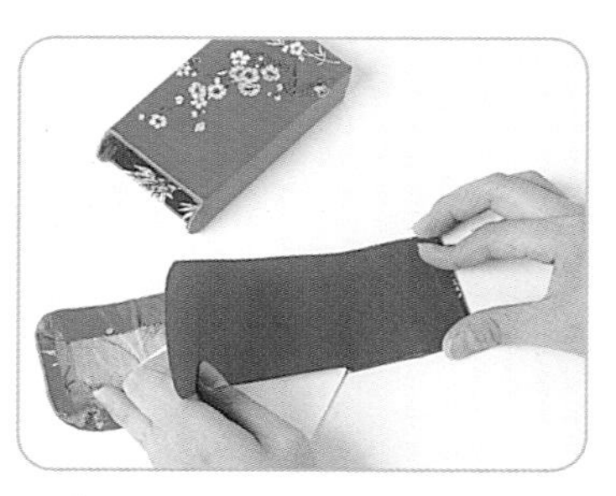

4 黏貼好的內部需加貼層紙〈為裝飾內部〉。

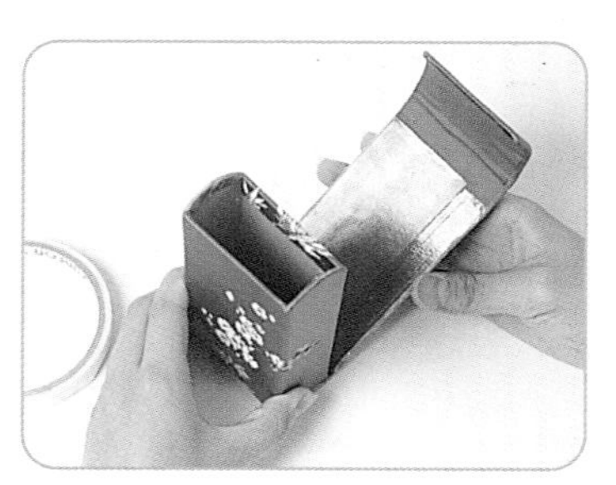

5 將一一型板組合黏貼於一起。

6 縫上暗扣。

7 於正面黏上中國結飾，做為裝飾。

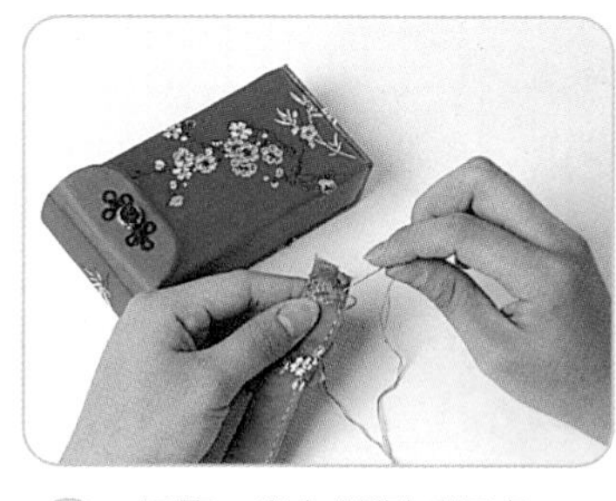

8 另取一段布縫製手提處。

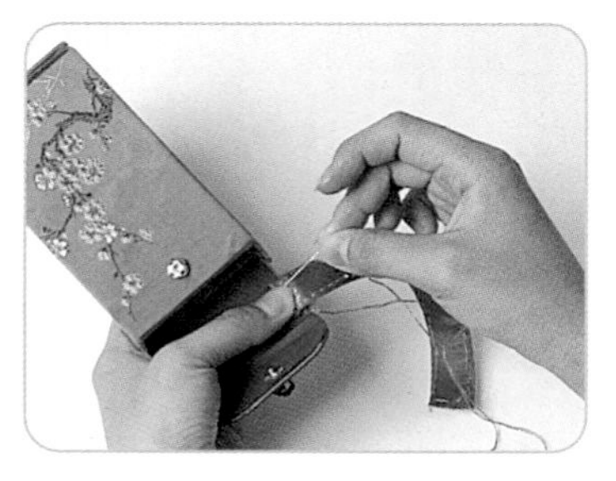

9 將其與袋子縫合，完成。

中國風錦盒

兩個步驟相同的錦盒，分成2個不同色系，有2種不同的面貌。

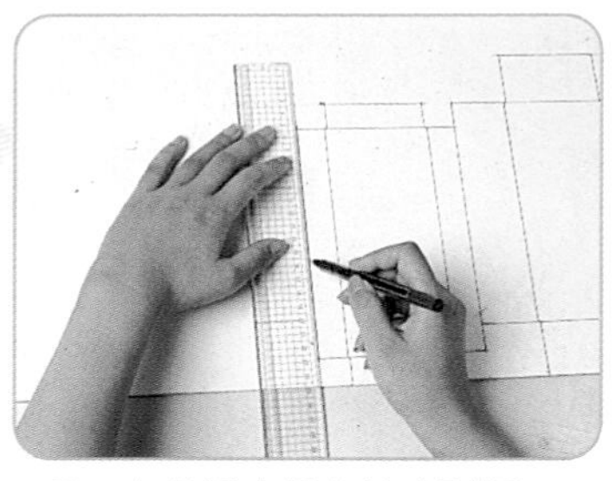

1 在美國卡紙上繪出型板。

2 裁切下型板備用。

3 裁布約比型板大2.5～3cm寬。

4 布的四週裁切。

5 用膠帶固定紙盒。

6 組合完成紙盒。

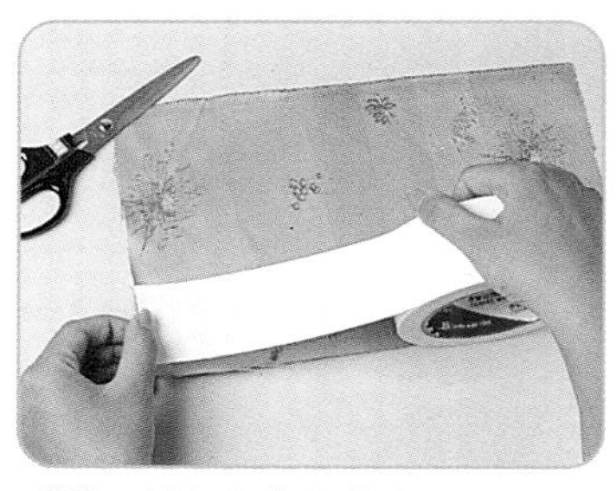

7 將布的背後黏貼雙面膠。

8 布黏合至紙盒上。

9 為求盒面平整，由中央向外壓平。

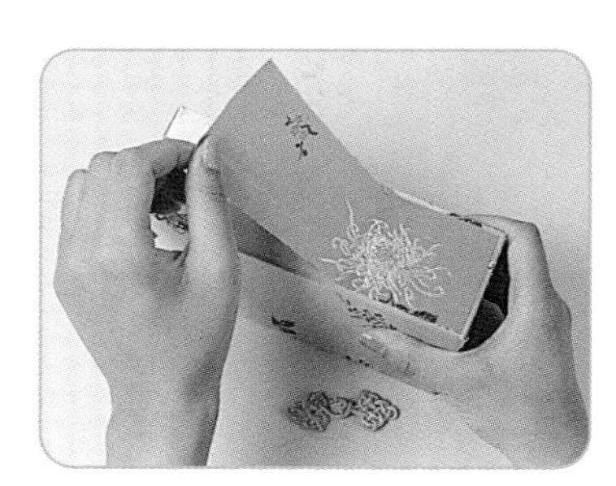

10 盒底補布。

11 內裡轉角處補布面。

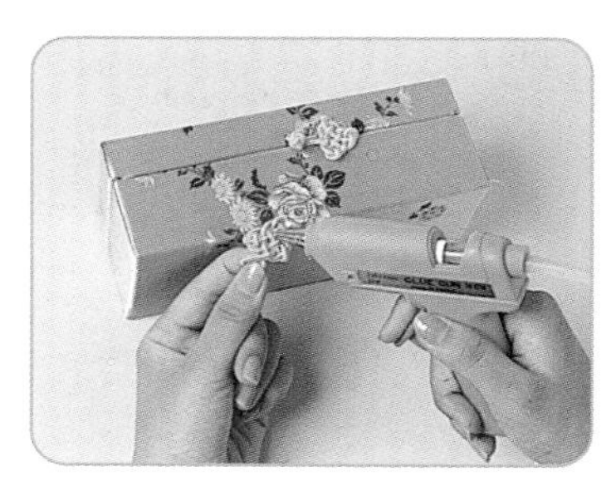

12 黏合中國結。

中國娃娃

綢緞一向被中國人視為尊貴的代表，將它做成飾品，讓你有一股貴族氣質。

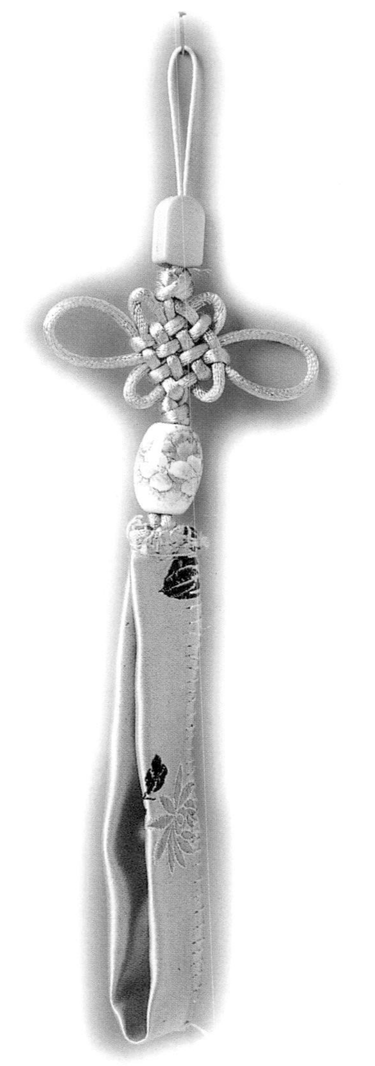

1 裁切一3×25cm緞子。

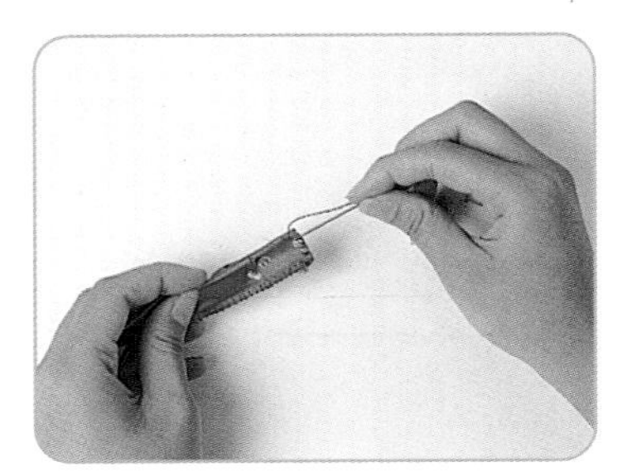

2 將布對折後縫合。

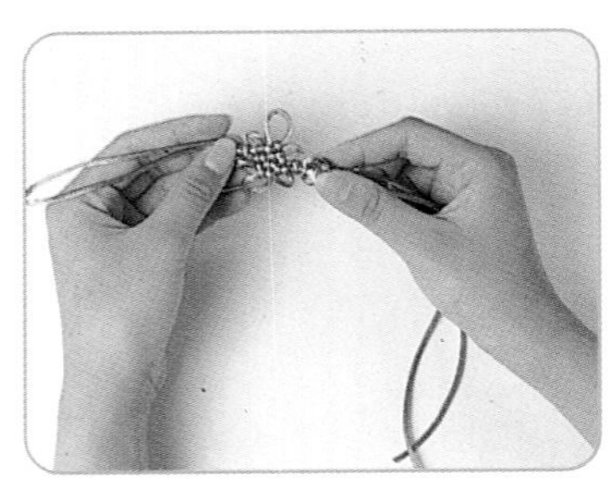

3 將中國結（手工藝品店可買到）串上裝飾用珠子。

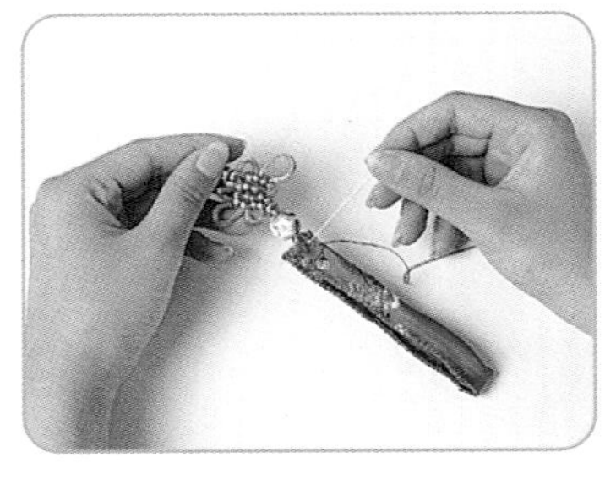

4 連接中國結及布條。

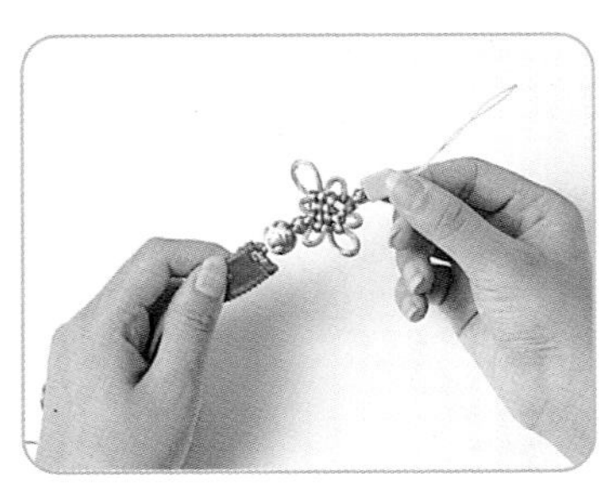

5 接上中國結與扣環即完成。

1 裁切一條3×25cm緞子。

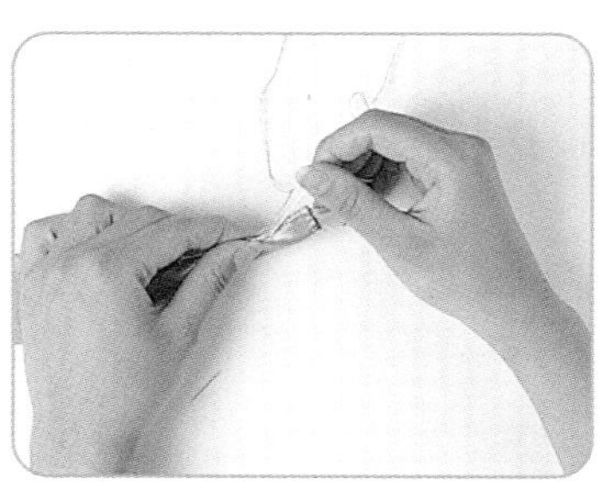

2 避免緞子四邊脫線，需縫合固定。

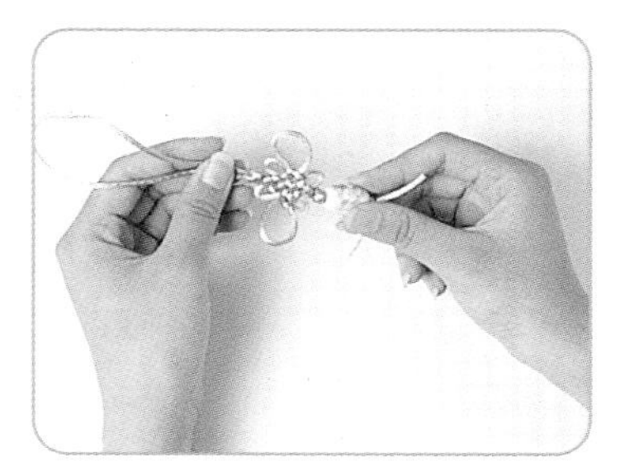

3 中國結串上珠子。

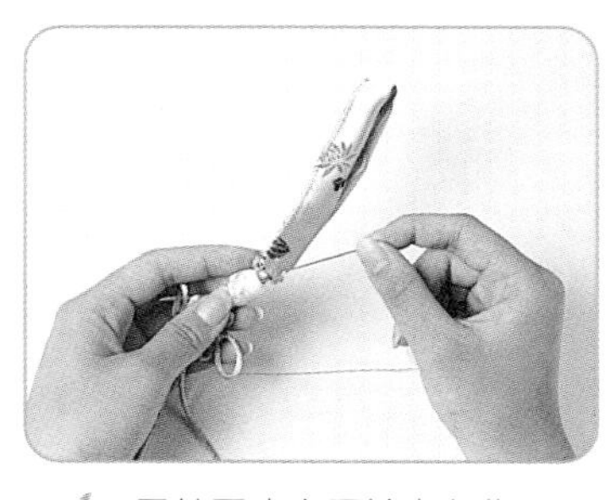

4 用線固定中國結與布條。

5 縫合繩結及扣環即可。

陸戰隊

陸戰隊是英勇的國軍中，
的一支團隊，
迷彩布因他們而被大家接受喜愛。

迷彩休閒袋

平時一回家就把手機隨手一丟，要找時才發現找不到嗎？作個小架子為手機找個家。

1 裁切型板（因布太軟，各部份需用2塊縫合，增加硬度。）

2 將2塊型板先縫合。

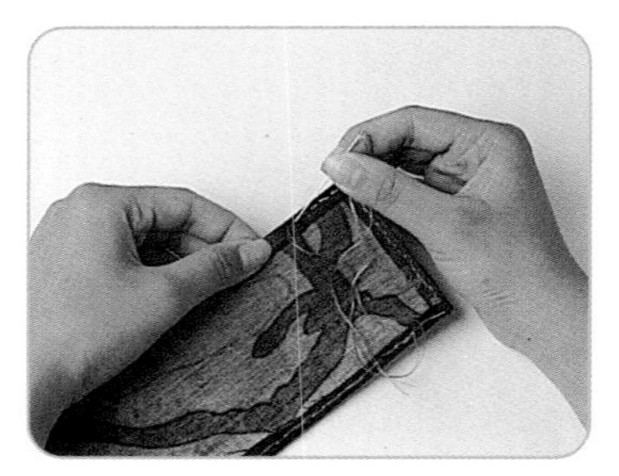

3 蓋子部份縫合。

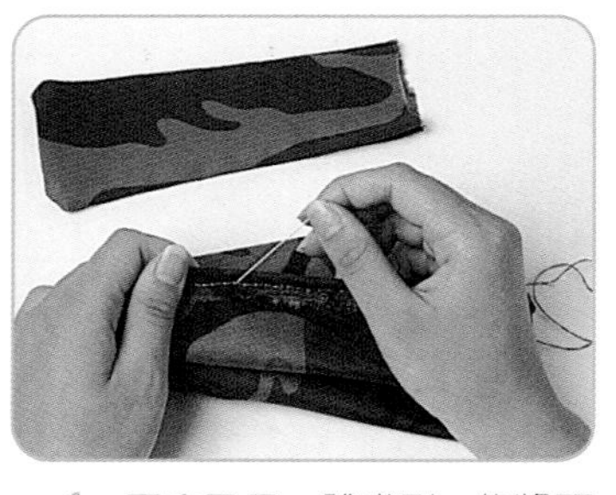

4 因盒子是一體成型，先將頭尾相結合。

5 將一面用線縫合。

6 二角縫合二個三角形，做出盒子立體。

7 將盒子邊緣用線固定，接上扣環。

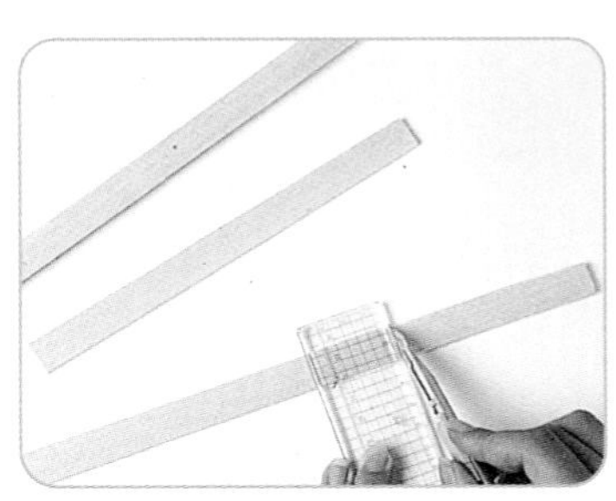

8 裁切支撐袋子的支架。

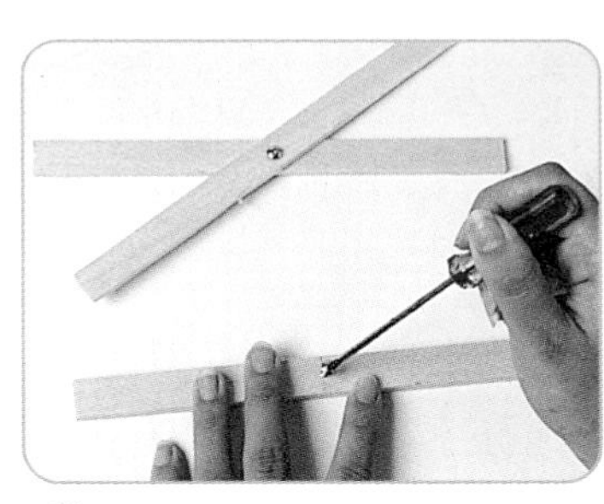

9 兩片木頭用螺絲固定。

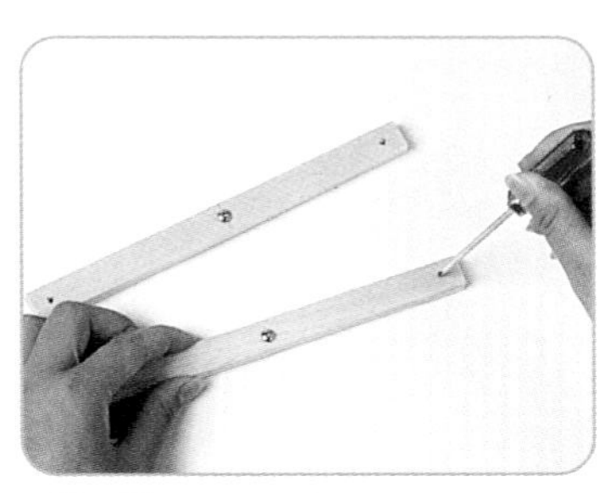

10 將二頭鑽洞。

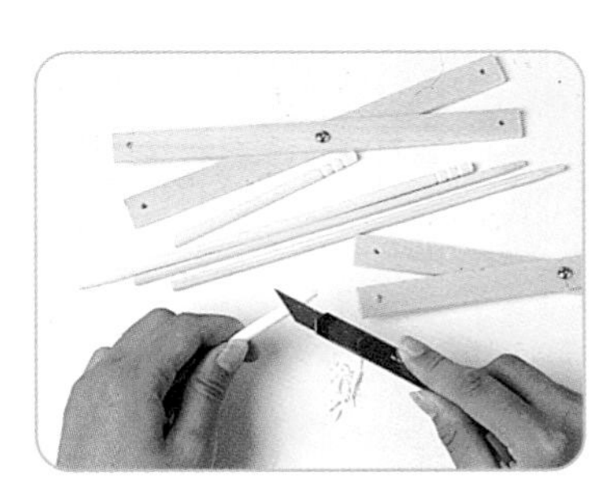

11 取竹筷子二頭削細。

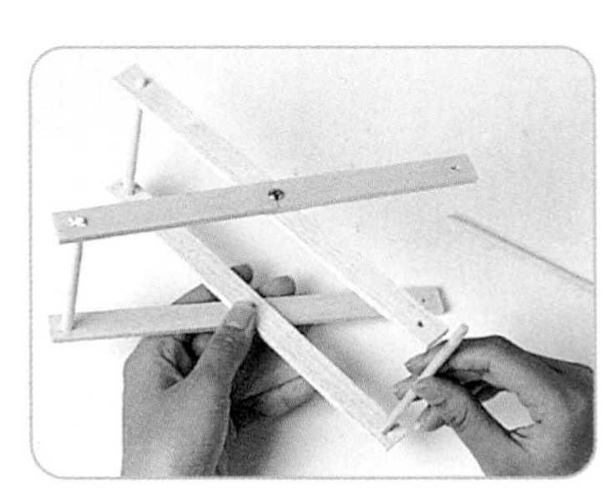

12 組合架子。

13 袋子與架子組合後完成。

迷彩袋

陸戰隊的迷彩布如此中性的設計充滿著迷幻色彩。

1 取一塊迷彩布，裁下適當尺寸並縫合。

2 壓住邊並縫成二邊各一三角形。

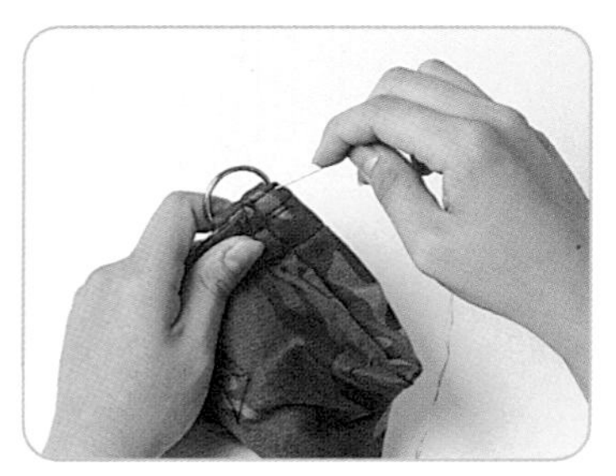

3 縫上扣環並且翻面。

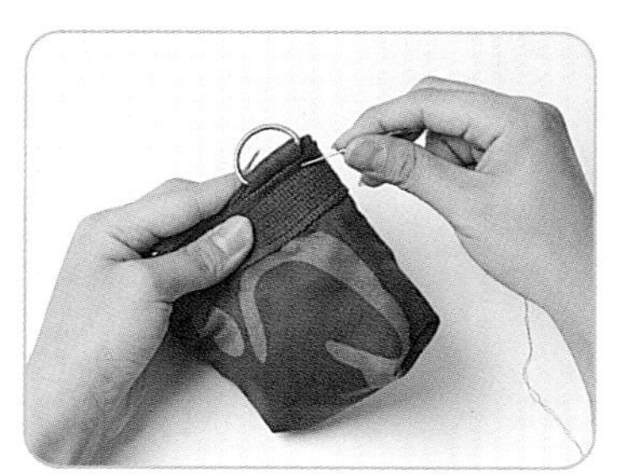

4 翻面後縫上綠色織帶。

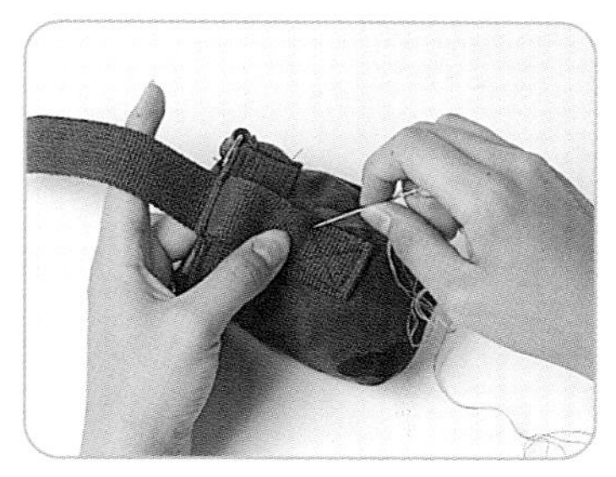

5 於背面縫上織帶〈如此可掛於腰間〉。

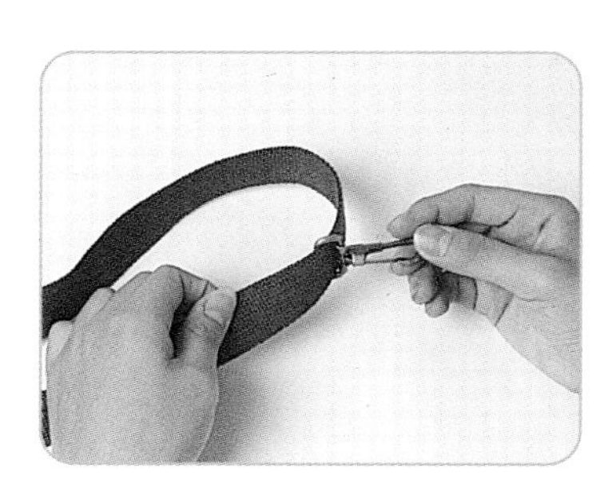

6 於織帶上穿入扣環。

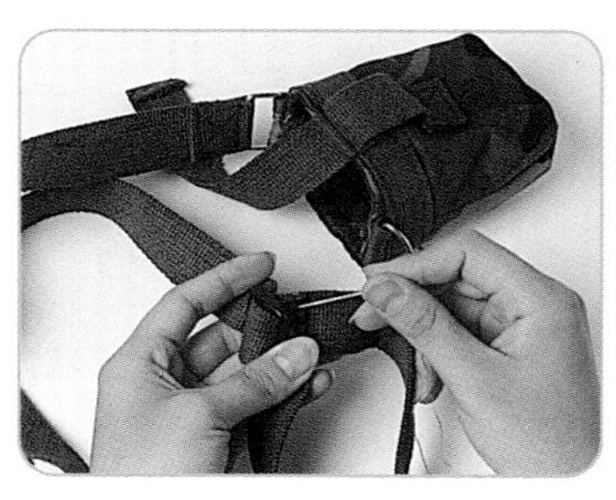

7 將扣環固定，如此可將背帶伸縮長短。

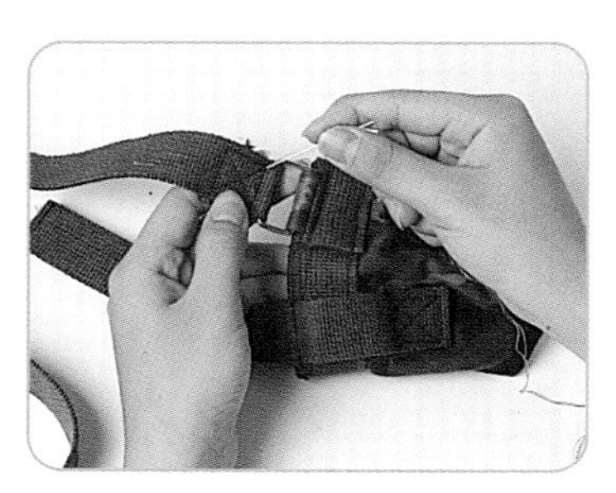

8 將背帶固定於袋上，即完成。

迷彩Call機袋

用迷彩布做成的Call機袋，使用起來更具有一股陽剛味。

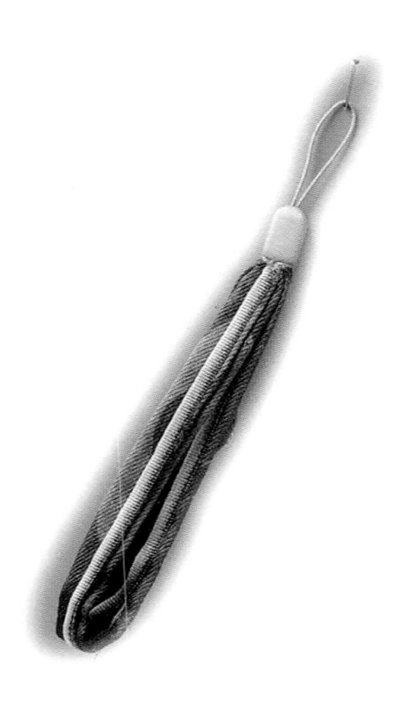

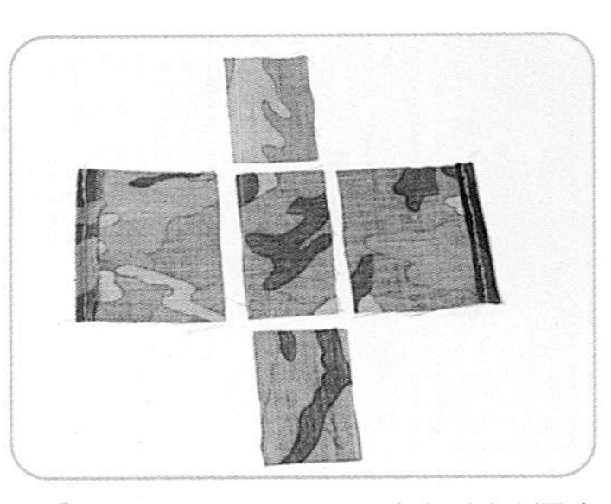

1 剪裁所需型板（大小以個人Call機為準）。

2 修飾布緣。

3 接合底及四面。

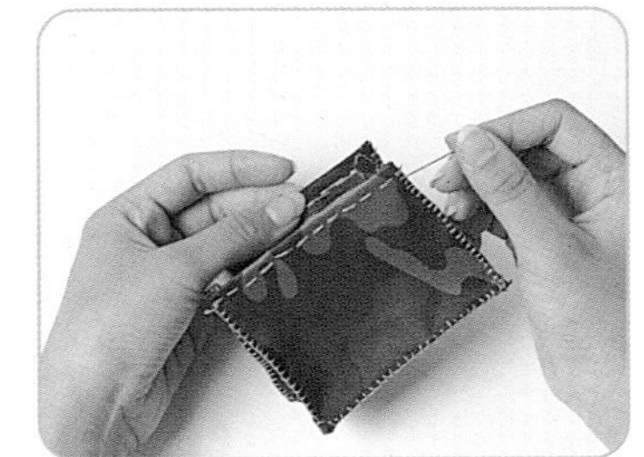

4 縫合袋子後完成。

迷彩鍊

裝飾這條迷彩手鍊，使手機更特別。

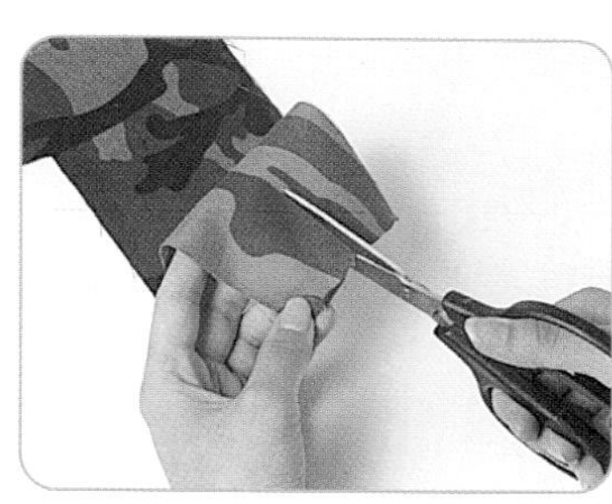

1 剪下3×25cm長形布條。

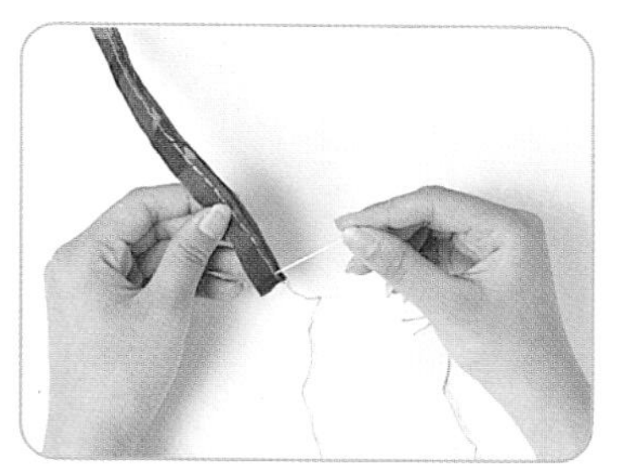

2 對折後用平針縫合。

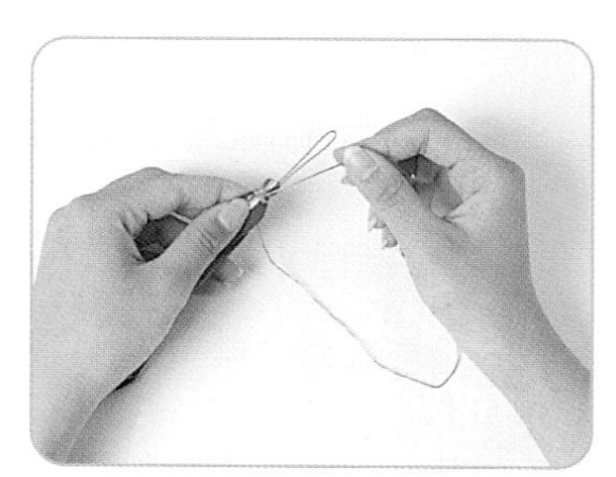

3 連接頭尾固定，接上繩結。

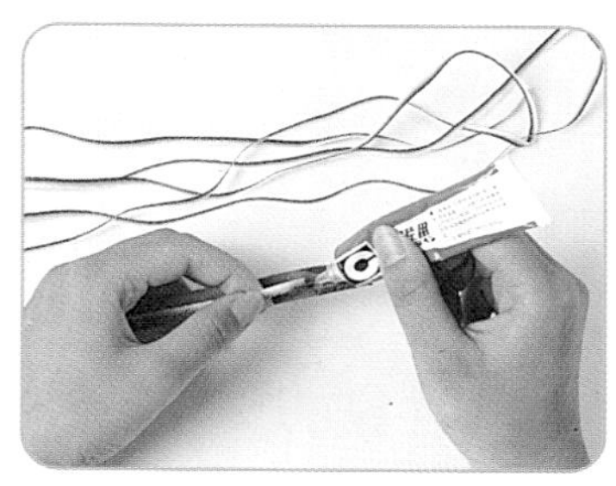

4 用相片膠將緞帶黏至布條縫針處。

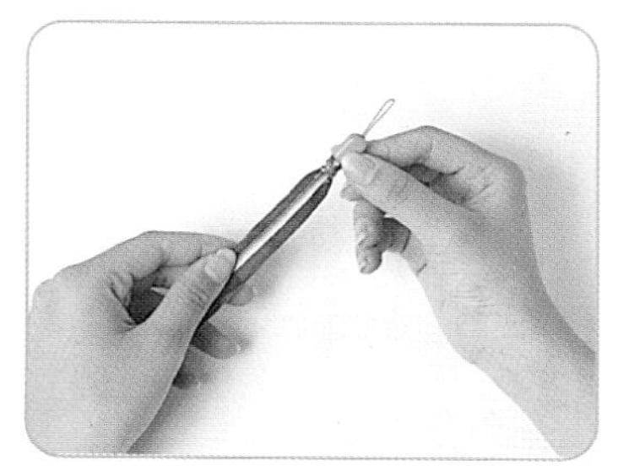

5 套上扣環即可。

精緻手繪POP叢書目錄

書名	叢書	編著	說明	定價
精緻手繪POP廣告	精緻手繪POP業書①	簡 仁 吉　編著	●專爲初學者設計之基礎書	●定價400元
精緻手繪POP	精緻手繪POP叢書②	簡 仁 吉　編著	●製作POP的最佳參考，提供精緻的海報製作範例	●定價400元
精緻手繪POP字體	精緻手繪POP叢書③	簡 仁 吉　編著	●最佳POP字體的工具書，讓您的POP字體呈多樣化	●定價400元
精緻手繪POP海報	精緻手繪POP叢書④	簡 仁 吉　編著	●實例示範多種技巧的校園海報及商業海定	●定價400元
精緻手繪POP展示	精緻手繪POP叢書⑤	簡 仁 吉　編著	●各種賣場POP企劃及實景佈置	●定價400元
精緻手繪POP應用	精緻手繪POP叢書⑥	簡 仁 吉　編著	●介紹各種場合POP的實際應用	●定價400元
精緻手繪POP變體字	精緻手繪POP叢書⑦	簡仁吉・簡志哲編著	●實例示範POP變體字，實用的工具書	●定價400元
精緻創意POP字體	精緻手繪POP叢書⑧	簡仁吉・簡志哲編著	●多種技巧的創意POP字體實例示範	●定價400元
精緻創意POP插圖	精緻手繪POP叢書⑨	簡仁吉・吳銘書編著	●各種技法綜合運用、必備的工具書	●定價400元
精緻手繪POP節慶篇	精緻手繪POP叢書⑩	簡仁吉・林東海編著	●各季節之節慶海報實際範例及賣場規劃	●定價400元
精緻手繪POP個性字	精緻手繪POP叢書⑪	簡仁吉・張麗琦編著	●個性字書寫技法解說及實例示範	●定價400元
精緻手繪POP校園篇	精緻手繪POP叢書⑫	林東海・張麗琦編著	●改變學校形象，建立校園特色的最佳範本	●定價400元

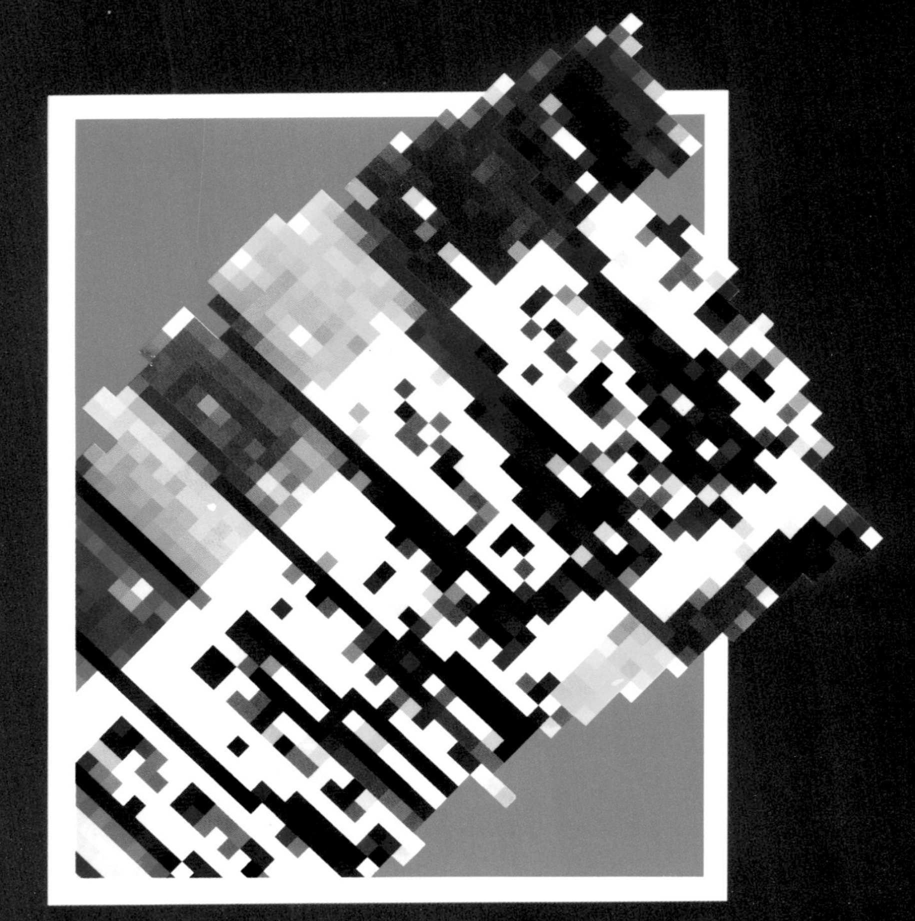

兒童美勞才藝系列

1.趣味吸管篇 平裝 84頁 定價200元
2.捏塑黏土篇 平裝 96頁 定價280元
3.創意黏土篇 平裝108頁 定價280元
4.巧手美勞篇 平裝84頁 定價200元
5.兒童美術篇 平裝 84頁 定價250元

幼教教具設計系列

針對學校教育、活動的教具設計書，適合大小朋友一起作。

1.教具製作設計 2.摺紙佈置の教具 3.有趣美勞の教具 4.益智遊戲の教具 5.節慶道具の教具

每本定價 360元

教室環境設計系列

100種以上的教室佈置，供您參考與製作。
每本定價 360元

1.人物篇 2.動物篇 3.童話圖案篇 4.創意篇 5.植物篇 6.萬象篇

實用的美術叢書系列

幼教・親子・美勞・教室佈置

親子同樂系列

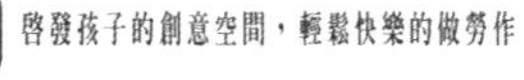

啟發孩子的創意空間，輕鬆快樂的做勞作

合購價 1998 元

1 童玩勞作 96頁 平裝 定價350元
2 紙藝勞作 96頁 平裝 定價350元
3 玩偶勞作 96頁 平裝 定價350元
4 環保勞作 96頁 平裝 定價350元
5 自然科學勞作 96頁 平裝 定價350元
6 可愛娃娃勞作 112頁 平裝 定價375元
7 生活萬用勞作 112頁 平裝 定價375元

教室佈置系列

◆讓您靈活運用的教室佈置

教學環境佈置 平裝 104頁 定價400元
人物校園佈置 Part.1 平裝 64頁 定價180元
人物校園佈置 Part.2 平裝 64頁 定價180元
動物校園佈置 Part.1 平裝 64頁 定價180元
動物校園佈置 Part.2 平裝 64頁 定價180元
自然萬象佈置 Part.1 平裝 64頁 定價180元
自然萬象佈置 Part.2 平裝 64頁 定價180元

幼兒教育佈置 Part.1 平裝 64頁 定價180元
幼兒教育佈置 Part.2 平裝 64頁 定價180元
創意校園佈置 平裝 104頁 定價360元
佈置圖案佈置 平裝 104頁 定價360元
花邊佈告欄佈置 平裝 104頁 定價360元
紙雕花邊應用 平裝 104頁 定價360元 附光碟
花邊校園海報 平裝 120頁 定價360元 附光碟
趣味花邊造型 平裝 120頁 定價360元 附光碟

國家圖書館出版品預行編目資料

手機的裝飾：創意輕鬆做/新形象編著.--
第一版.-- 台北縣中和市：新形象，2006[民95]
面 ； 公分--（手創生活：5）
ISBN 978-957-2035-83-2（平裝）
1. 裝飾品
426.4 95016807

手創生活-5

手機的裝飾 創意輕鬆做

出版者 新形象出版事業有限公司
負責人 陳偉賢
地址 台北縣中和市235中和路322號8樓之1
電話 (02)2927-8446 (02)2920-7133
傳真 (02)2922-9041

編著者 新形象
美術設計 吳佳芳、戴淑雯、黃筱晴、盧慧欣、余文斌、許得輝
執行編輯 吳佳芳、戴淑雯
電腦美編 許得輝
製版所 興旺彩色印刷製版有限公司
印刷所 皇甫彩藝印刷股份有限公司

總代理 北星圖書事業股份有限公司
地址 台北縣永和市234中正路462號5樓
門市 北星圖書事業股份有限公司
地址 台北縣永和市234中正路498號
電話 (02)2922-9000
傳真 (02)2922-9041
網址 www.nsbooks.com.tw
郵撥帳號 0544500-7北星圖書帳戶
本版發行 2006 年 10 月 第一版第一刷
定價 NT$ 299 元整

行政院新聞局出版事業登記證/局版台業字第3928號
經濟部公司執照/76建三辛字第214743號